低煤级煤生物成因气与热成因气物理模拟及其结构演化研究

简　阔　傅雪海　王晋萍　茹忠亮　马国胜 等　著

国家科技重大专项（2016ZX05043004-001）
国家自然科学基金地区项目（41362009）
山西省煤层气联合研究基金资助项目（2016012013）
山西省晋城市质量技术监督检验测试所资助项目（201410146）
煤与煤系气地质山西省重点实验室开放课题资助项目（MDZ201701）
太原科技大学博士科研启动基金项目（20162033）

科学出版社
北　京

内 容 简 介

本书以吐哈盆地和准噶尔盆地低煤级煤为研究对象，在煤岩煤质、元素和矿物组成等基础分析上开展了低煤级煤的生物成因气与热成因气模拟，分析了两种模拟方式产出气的组分、产率和碳氢同位素组成特征，发现了煤岩遭受生物作用降解的生物标志化合物证据，提出了具有生物作用煤层气成因的综合判据，阐释了低煤级煤生物作用降解结构演化机制，揭示了热解烷烃气碳同位素变化的原因，并构建了烷烃气碳同位素与结构演化的关系模型。

本书可供从事煤层气地质及石油与天然气地质的教学、科研和生产人员，以及高等院校的本科生和研究生参考。

图书在版编目（CIP）数据

低煤级煤生物成因气与热成因气物理模拟及其结构演化研究 / 简阔等著. —北京：科学出版社，2017.12

ISBN 978-7-03-055731-5

Ⅰ. ①低… Ⅱ. ①简… Ⅲ. ①煤层–地下气化煤气–研究 Ⅳ. ①P618.11

中国版本图书馆 CIP 数据核字（2017）第 293284 号

责任编辑：周 丹 韩 鹏 刘浩旻 / 责任校对：张小霞

责任印制：肖 兴 / 封面设计：铭轩堂

科学出版社出版

北京东黄城根北街 16 号

邮政编码：100717

http://www.sciencep.com

艺堂印刷（天津）有限公司印刷

科学出版社发行 各地新华书店经销

*

2017 年 12 月第 一 版 开本：720×1000 1/16

2017 年 12 月第一次印刷 印张：9 3/4 插页：4

字数：200 000

定价：129.00 元

（如有印装质量问题，我社负责调换）

作 者 名 单

简　阔　傅雪海　王晋萍　茹忠亮
马国胜　靳乃宁　王　强　杨晋东

前　言

煤层气主要是以吸附态赋存于煤层中的一种自生自储式非常规天然气，是天然气资源的重要补充，也是我国最现实的接替能源，煤层气（瓦斯）的抽采利用能有效改善煤矿安全生产条件和减少温室效应。美国是最早进行开发利用煤层气的国家，并于 20 世纪 80 年代就实现了大规模的商业性开发，而据估算我国 2000m 以浅的煤层气面积为 41.5 万 km^2，远景资源量为 36.8 万亿 m^3，虽然资源量巨大，但目前仅在沁水盆地和鄂尔多斯盆地实现了一定的规模性开发，且多集中于中、高煤级煤储层，而能占到全国煤层气资源总量 40%以上的低煤级储层煤层气，却由于基础研究薄弱、工程技术不成熟等问题尚未得到足够的重视，今后成功开发低煤级储层煤层气资源将是我国煤层气产业持续健康发展的重要途径。

我国低煤级储层煤层气资源主要分布在西部的吐哈盆地、准噶尔盆地、塔里木盆地、三塘湖盆地，以及东北部的海拉尔盆地和二连盆地等区域，开发利用程度很低，反观美国以生物成因气为主的粉河盆地早在 1998 年就已经实现了商业开发。其主要原因是，尚未搞清我国低煤级储层煤层气生成和富集成藏机制，由此带来较大的盲目性勘探。实践表明，以热成因为主的中、高煤级储层煤层气的勘探开发成功经验并不适用于低煤级储层，低煤级储层煤层气中较大一部分来源于生物成因，同时也存在热成因气的成分。基于此，本书积极开展低煤级煤生物成因气与热成因气物理模拟及其结构演化研究对于完善低煤级储层煤层气成因机理有重要的理论意义。

一方面，本书围绕低煤级煤微生物作用产气特征和结构演化机制不清楚这一科学问题，采集吐哈盆地和准噶尔盆地低煤级煤样，进行产甲烷菌群的富集培养，开展次生生物成因气产出模拟，查明微生物作用下的产气规律、方式和效率，以及气体组分、碳氢同位素组成，精细剖析生物作用降解过程中低煤级煤脂族结构和芳香结构的变化，阐述煤生物作用降解结构演化机制；另一方面，开展封闭体系下的低煤级煤的热解生气（烃）模拟实验，探求热演化生气特征和结构演化机制。

本书的出版得到国家煤层气质检中心（山西）的母体单位晋城市质量技术监督检验测试所的大力支持，同时国家自然科学基金地区项目（41362009）、山西省煤层气联合研究基金资助项目（2016012013）、山西省晋城市质量技术监督检验测试所资助项目（201410146）、煤与煤系气地质山西省重点实验室开放课题资助项目（MDZ201701），以及太原科技大学博士科研启动基金项目（20162033）也给予了及时的资助，在此表示衷心的感谢！

本书在选题内容方面，感谢加拿大阿尔格玛大学徐绍春教授和中国石油大学（北京）钟宁宁教授，以及中国矿业大学秦勇教授、姜波教授、郭英海教授、朱炎铭教授、王文峰教授、韦重韬教授、吴财芳教授、杨永国教授、王爱宽副教授、陈尚斌副教授、申建副教授、屈争辉副教授和兰凤娟博士提出的有益建议。感谢中国科学院大学鲍园博士后为本书生物气实验提供的指导和协助。感谢中国矿业大学煤层气及成藏过程实验室为本书主体实验的完成提供了良好的条件。

本书在样品采集环节部分利用晋城市质量技术监督检验测试自主研发的一种煤层气采样与分析联合装置（CN 106441456 A），在气样采集和分析方面效率显著提高；在样品制备和物理模拟过程中，得到了师姐葛燕燕博士、师弟王海超博士、宋革硕士、乔雨硕士的鼎力支持；实验测试和数据分析环节得到了中国石油勘探开发研究院陈建平教授、中国石化石油勘探开发研究院无锡石油地质研究所相关测试人员、山西省晋城市质量技术监督检验测试所煤层气检测人员、江苏地质矿产设计研究院和新疆维吾尔自治区煤田地质局实验人员，以及中国矿业大学现代分析与计算中心卢兆林和魏华老师的帮助和指导；本书编著过程中得到中国矿业大学许小凯博士、刘顺喜博士、黄波博士、李恒乐博士、陈义林博士、郭晨博士、张政博士、汪岗博士、何也博士、刘爱华博士、李腾博士、张晓阳博士、杨柳博士、陈术源博士、王博洋博士、周小婷硕士，河南理工大学金毅教授和李怀珍书记，以及太原科技大学柴跃生副校长、闫献国教授、李秋书教授、原魁社副教授、张绪言副教授、王观宏博士和牛宇飞老师的关心与照顾。在此一并感谢！

本书在编写过程中对相关的资料进行了分析整理和再创作，引用了大量公开发表和少量未公开发表的文献和数据，有些未能一一标明，在此向所有作者表示感谢，此外，书中难免存在疏漏和不足之处，敬请广大读者批评指正。

作　者

2017 年 10 月

目　　录

1 绪　论

1.1 研究意义

煤层气是指主要以吸附态赋存在煤基质孔裂隙的内表面，并以甲烷为主的气体，少部分以游离态、溶解态和固溶态存在。我国煤层气开发主要集中在中、高煤阶，并形成一定规模的商业性开发，其中，高煤阶以山西沁水盆地南部、中煤阶以鄂尔多斯盆地东缘尤为突出。但我国低煤阶储层煤层气尚未取得规模性商业开发的突破，而被Scott认为是生物或次生生物成因煤层气的美国粉河盆地在1998年就已经实现了商业开发，并促使美国煤层气当年产量一度达到337亿m^3，这种增长势头一直持续到2004年（Walter and Ayers，2002；Robert，2005），2006年美国粉河、尤因塔、拉顿等低煤阶盆地煤层气产量占当年总产量（540亿m^3）的46%。除了美国，加拿大阿尔伯塔低煤阶盆地在2006年煤层气产量占当年总量（60亿m^3）的40%，澳大利亚低煤阶的苏拉特盆地在2006年煤层气产量占当年总量（2亿m^3）的11%。由此可见，低煤级储层煤层气资源隐藏了巨大的潜在价值。

我国低煤级煤（$R_{o,max}$<0.65%，主要是褐煤、长焰煤）资源总计为31728.65亿t（中国煤田地质总局，1999），占全国煤炭资源总量的57%；煤层气资源量约为16万亿m^3（车长波等，2009），占全国煤层气资源总量的45.7%。前人对于低煤级煤的煤岩煤质、孔径结构、吸附特性和相关的工艺性能进行了较多的研究（毛毕节等，1999；尹立群，2004；傅小康，2006；谢永强，2006；屈进州等，2011；傅雪海等，2005，2012；简阔等，2014），为低煤级储层煤层气开发提供了有用的信息。但总体低煤级储层煤层气基础研究薄弱，勘探的盲目性较大，其成因机制主要包括生物成因与热成因，其中，次生物成因煤层气占有相当的比例，因此，相比于中、高煤级以热成因为主形成的煤层气有所不同，以前在中、高煤级储层煤层气勘探开发的成功经验并不能复制在低煤级储层中。积极开展低煤级煤生物成因气与热成因气模拟及其结构演化研究对于完善低煤级储层煤层气成因机理和寻找煤层气富集区有理论和实际的双重意义，也是目前亟待解决的基础科学问题。

本书以吐哈盆地大南湖和准噶尔盆地阜康矿区为研究区域，采集研究区的褐煤、长焰煤煤样，分两方面开展低煤级储层煤层气产出的物理模拟：一方面，让煤样在携有产甲烷菌微生物的作用下物理模拟生物地球化学阶段的产气规律和方式；另一方面，开展低煤级煤的热解生烃模拟实验，探求低煤级煤热演化生气特征。精细剖析两种生气方式下残留煤样结构的演变轨迹，以期为我国低煤级储层煤层气开发提供科学依据。

1.2 国内外研究现状

1.2.1 低煤级储层煤层气成因类型和判识

许多学者对煤层气成因类型的划分大都借鉴了天然气成因类型的分类方案（Rightmire，1984；Rice，1993；Song et al.，2012），煤层气成因类型研究进展较快，一般认为主要包括有机成因气、无机成因气及混合成因气。其中，有机成因气主要包括原生/次生生物成因气、热降解气和热裂解气（Song et al.，2012）；无机成因气研究较少，一般认为主要包括地幔来源气和岩石化学成因气（Glasby，2006）。此外，还有学者认为构造应力降解作用会形成应力成因气（曹代勇，2005，2006；琚宜文等，2009）。琚宜文等（2014）总结前人对煤层气成因类型的划分，提出了较为全面的成因分类方案，见表 1-1。

表 1-1 煤层气成因分类（琚宜文等，2014）

<table>
<tr><td rowspan="2">有机成因气</td><td>热成因气</td><td>热降解成因气</td><td>热裂解成因气</td></tr>
<tr><td>生物成因气</td><td>原生生物气</td><td>次生生物气 { 二氧化碳还原气
醋酸发酵气
其他生物成因气</td></tr>
<tr><td colspan="2" rowspan="2">无机成因气</td><td colspan="2">地幔来源气</td></tr>
<tr><td colspan="2">岩石化学成因气、应力成因气</td></tr>
<tr><td colspan="2">混合成因气</td><td colspan="2">上述各成因类型气不同形式的混合</td></tr>
</table>

就煤层气主体成因而言，是以有机成因气为主，包括热成因和生物成因，Scott 等（1994）在研究圣胡安盆地煤层气组分和水中溶解碳酸盐的碳同位素组成特征时，首次提出煤层次生生物成因气，并认为次生与原生生物气的地球化学组成相似，其主要差异在于煤岩的热演化程度不同，前者超过后者的形成阶段，且煤层一般被抬升到浅部，并与煤层水中的微生物活动有关，尤其是与甲烷菌的代谢活动密切相关。另外，Scott 等（1994）在研究生物成因和热成因煤层气产生阶段时，认为原生生物成因的镜质组反射率小于 0.3%，早期热成因镜质组反射率为 0.5%～0.8%，次生生物成因的镜质组反射率幅度可为 0.3%～1.5%。

在低煤级阶段已经存在热成因气的成分，并且次生生物煤层气产生的煤层一般都经历热演化作用，可见，次生生物煤层气一般是成煤后的产物，而且次生生物煤层气可延伸到中煤级阶段，鉴于原生生物煤层气一般生于浅表地层，且在地层水中溶解、逸散，以及在后来地层压实和煤化过程中析出，因此保存较难，所以现今保存下来的大都以次生作用产生的煤层气为主。由此可见，低煤级储层煤层气成因类型包含了次生生物成因和热成因，并兼具混合成因。此外，王万春等（1987）和徐永昌等（1990）提出了生物-热催化过渡带气的成因类型，低煤阶煤层气成因机制应不排除这种类型。王红岩等（2005）和叶欣（2007）在研究我国主要低煤级盆地的水文地质特征时发现，低煤级盆地储层的水较为活跃，经由水动力作用渗入到煤储层中的甲烷菌凭借其降解能力生成次生生物煤层气，可见低煤阶煤层气的次生生物成因是一个较为普遍的生气方式，对其成因判识的研究也显得尤为重要。

次生生物煤层气从发现到现今也仅有 20 年左右的时间，时间短，研究深度有限，对其成因判识也多借鉴常规天然气的划分标准，其中，天然气的组分特征和碳氢同位素组成特征是主要的成因判识手段（Woltmate et al.，1984；戴金星和陈英，1993；Smith and Pallasser，1996；Whiticar，1996；Kotarba and Rice，2001；Sassen et al.，2003；陶明信等，2005；Dariusz et al.，2007；朱志敏等，2007；Dariusz et al.，2008；Romeo et al.，2008；Coral and Tim，2008；王爱宽，2010；鲍园等，2013；陶明信等，2014）（表 1-2），而其他的判识方法较少，为此笔者总结了煤层气成因判识常用的一些经典模板，如图 1-1 所示，包括 $\delta^{13}C_1$-δD_1 和 $\delta^{13}C_1$-$C_1/(C_2+C_3)$（Whiticar，1996），以及 $\delta^{13}C_1$-$\delta^{13}C_{(CO_2)}$ 和 CDMI-$\delta^{13}C_{(CO_2)}$（Kotarba and Rice，2001）等。煤中生物甲烷形成的两个主要途径是二氧化碳还原和乙酸发酵，且生物成因煤层气组分的地球化学特征明显，主要表现为甲烷的含量较高，重烃气（C_{2+}）含量甚微，甚至没有，气体以干气为主，甲烷的碳同位素组成，即 $\delta^{13}C_1$ 一般小于-55‰或-60‰，甲烷氘值（δD_1）分布范围较宽，多数情况下小于等于-200‰。

表 1-2 国内外学者提出的生物成因煤层气判识标准

研究区域	煤层气地球化学特征	煤层气成因类型	资料来源
悉尼盆地和鲍恩盆地（澳大利亚）	$C_1/C_2 \geqslant 1000$；$\delta^{13}C_1$=-60±10‰； δD_1=-217±17‰；$\delta^{13}C_{(CO_2-CH_4)}$=55±10‰	CO_2 还原的次生生物成因气	Smith and Pallasser，1996
上西里西亚盆地（波兰）	$C_1/(C_2+C_3)$=122～10000；$\delta^{13}C_1$=-79.9‰～-44.5‰； δD_1=-202‰～-153‰	CO_2 还原的次生生物成因气	Kotarba and Rice，2001
鲁宾盆地（波兰）	$C_1/(C_2+C_3)$ >10000；$\delta^{13}C_1$=-67.3‰～-52.5‰； δD_1=-201‰	CO_2 还原的次生生物成因气	Kotarba and Rice，2001
新集、李雅庄、恩洪（中国）	C_1/C_{1-5}>0.99；$\delta^{13}C_1$=-61.7‰～-47.9‰，绝大部分小于-55‰； δD_1=-244‰～-196‰	以次生生物气为主，含有部分热成因的混合气	陶明信等，2005

续表

研究区域	煤层气地球化学特征	煤层气成因类型	资料来源
阜新盆地（中国）	C_1=84.05%～88.90%；$\delta^{13}C_1$=−58.00‰～−44.7‰	次生生物−热解混合成因气	朱志敏等，2007
亨特利，奥哈伊，格雷茅斯煤层（新西兰）	C_1=89.16%～96.40%；$\delta^{13}C_1$=−65.88‰～−58.7‰；δD_1=−246‰～−204‰	CO_2 还原的次生生物成因气	Carol and Tim，2008
粉河盆地（美国）	C_1=86.4%；$\delta^{13}C_1$=−83.37‰～−51.75‰；δD_1=−327.6‰～−209.9‰	乙酸发酵和 CO_2 还原的生物成因气，以前者成因为主	Romeo et al.，2008
昭通盆地（中国）	C_1=80.55%～88.75%；$\delta^{13}C_1$=−55.87‰～−53.26‰；δD_1=−206.49‰～−200.69‰	次生生物成因气（物理模拟）	王爱宽，2010
国内外 21 个盆地	生物成因气 $\delta^{13}C_1$<−60‰，热成因气 $\delta^{13}C_1$>−60‰，混合成因气的 $\delta^{13}C_1$ 值介于两者之间	—	鲍园等，2013
淮南煤田新集（中国）	$C_1/C_{1\text{-}n}$=0.993～1.0；$\delta^{13}C_1$=−50.7‰～−61.3‰；δD_1=−242.5‰～−219.4‰	CO_2 还原的次生生物成因气	陶明信等，2014

注：$\delta^{13}C_1$ 和 δD_1 分别以 PDB 和 SMOW 为标准。

从生物成因煤层气的组分组成来看，重烃是一个不可忽视的组成部分，戴金星等（1986）根据我国生物气的碳同位素 $\delta^{13}C_1$ 及组分特征提出重烃含量小于 0.5% 作为鉴别生物气的上限指标，还提出 $\delta^{13}C_2-\delta^{13}C_3<-10‰$ 作为鉴别生物气的另一项指标。而大部分学者也认为，生物成因煤层气中甲烷的浓度非常高，但重烃的浓度却很低，属于干气类型（Smith and Pallasser，1996；Gilcrease，1997；Kotarba and Rice，2001）。陶明信等（2005）的研究表明，安徽新集煤层中的煤层气主体为次生生物成因，并含有热成因的混合气，重烃含量很低，乙烷含量为 0～0.42%，丙烷含量为 0～0.18%，并认为微生物降解重烃是造成其含量低的主要因素。

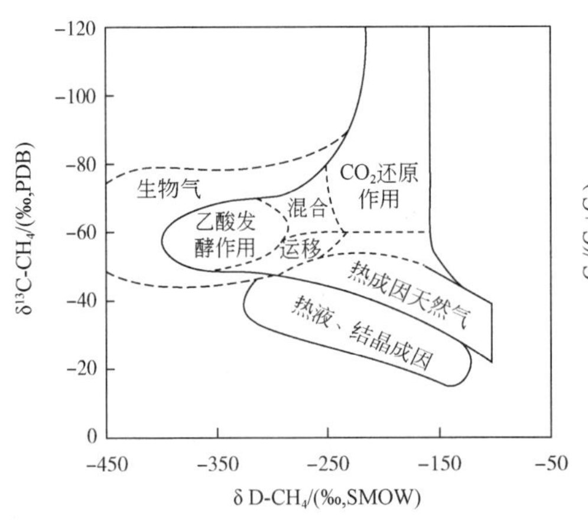

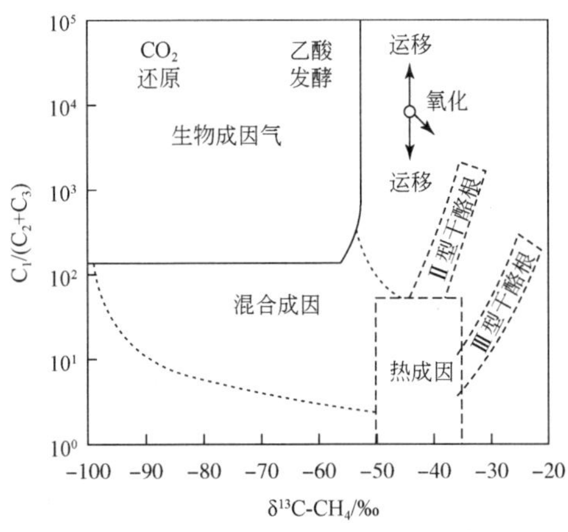

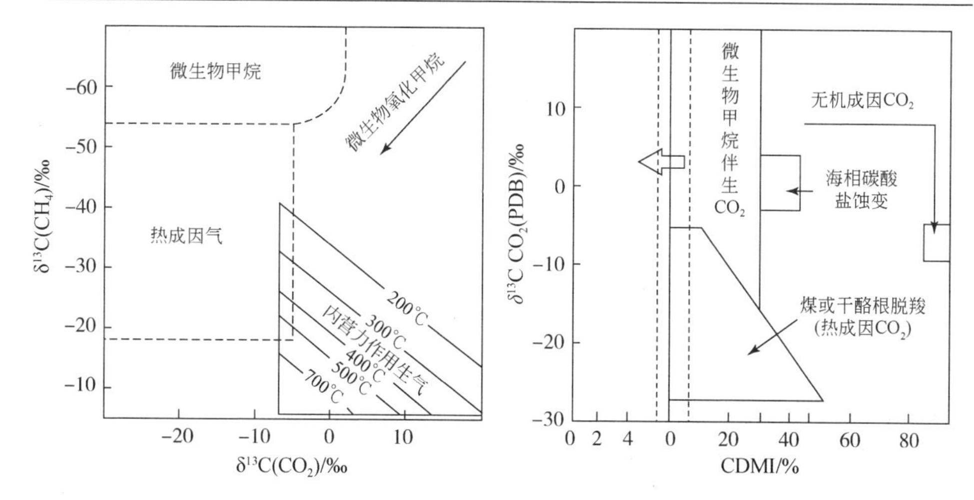

图 1-1 煤层气成因判识经典模板（Whiticar，1996；Kotarba and Rice，2001）

值得提及的是，天然气的组分和碳氢同位素组成特征虽是主要的成因判识手段，但这种判识方式也有局限性。陶明信等（2005）的研究认为，一方面，微生物能够降解已经形成的热成因湿气组分，使其煤层气的组分及同位素组成发生改变；另一方面，次生生物成因煤层气的形成再一次改变了煤层气组分和同位素组成。由于这两个方面原因的存在，天然气组分结合碳氢同位素组成的成因判识方法可信度降低，在一定程度上失真，特别是对浅层煤层气的成因判识变得复杂。琚宜文等（2014）也有相同的看法，针对煤层气成因研究途径与示踪指标比较单一，出现示踪指标的特征值不协调或相矛盾的现象，认识到煤层气成因研究不能局限于煤层气本身，由于地质历史时期煤层气同位素分馏现象的客观存在，煤层气判识成因时缺乏可信度，需要结合煤岩有机分子（如生物标志化合物）、煤层气形成的环境条件等分析地下水氧化还原条件和微生物活动强度，以期共同进行成因识别。

1.2.2 低煤级储层煤层气形成机制与影响因素

Rightmire 等（1984）的研究表明，热成因煤层气开始生成起始于镜质组最大反射率为 0.6%、挥发分为 40.24%的时候，相当于我国的褐煤-长焰煤阶段，而我国学者张新民也有类似看法，张新民等（1991）以 $R_{o,max}$=1.9%为界，0.5%<$R_{o,max}$<1.9%的阶段归属于热解气，而 $R_{o,max}$ 大于 1.9%时对应的是裂解气。傅雪海等（2007）认为，热成因 CH_4 大致分为 3 个阶段，第 1 个阶段就是褐煤-长焰煤阶段，该阶段气体成分以 CO_2 为主，占 72%～92%；烃类以 CH_4 为主，且百分比小于 20%；重烃气小于 4%。由此可见，低煤级阶段的热成因气不可忽视，对于该阶段的形成机理来说，一般情况下，煤层随着埋深进一步增加，温度升高，使得煤化程度逐

渐升高，导致有机质不断地脱氧、脱氢和富碳，在此过程中生成大量的 CH_4 等烃类气体和 CO_2、H_2 等非烃气体。低煤级煤中的腐殖型有机质处于未熟-低熟阶段，Galimov（1988）研究证实，腐殖型有机质在低成熟阶段能够足以产生超大型气田的 CH_4 量。推其原因，富含III型干酪根的腐殖型源岩含氢键和芳香结构多，脂肪链短而少，在该演化阶段，含氧键即可优先断裂（脱羧基、甲氧基和羟基等），所以生成的烃类气较早，可能会形成一个生气高峰（徐永昌，1994）。另外，影响热成因煤层气形成的因素有很多，如温度、压力、水动力条件、聚煤沉积环境、构造演化等，热成因煤层气是目前全球范围内已开采和发现煤层气藏的最主要成因类型，国内外学者对此研究很多，然而更需完善的是低煤级阶段次生生物成因煤层气的形成机制和影响因素的研究。

对于次生生物成因煤层气的形成机制至今尚未清楚，但可以肯定的是，它是一种包括各种辅酶在内的生物化学反应（Baker，1956；Wolfe，1979；Balch and Wolfe，1979；Vogel et al.，1982；丁安娜等，1991；王爱宽，2010），其成因机制主要沿用的是经典的厌氧发酵理论，该理论并逐渐由二阶段发展到三阶段[图 1-2(a)](Large，1983；丁安娜，2003)，Zehnder（1988）和 Romeo 等（2008）又提出四阶段发酵理论［图 1-2（b)］，但无论几个阶段，其实质基本是相同的。

由图 1-2 可以看出，Large（1983）和 Romeo 等（2008）分别提出的三级和四阶段发酵中具有大致相同的步调，在三阶段的一级发酵中，水解发酵菌将蛋白质、糖类和脂类水解为脂肪酸、氨基酸和甲醇等，再经酸化细菌和产氢产乙酸菌进一步降解为乙酸、甲酸、H_2 和 CO_2，同时包括乳酸、琥珀酸、丙酸等长链脂肪酸，

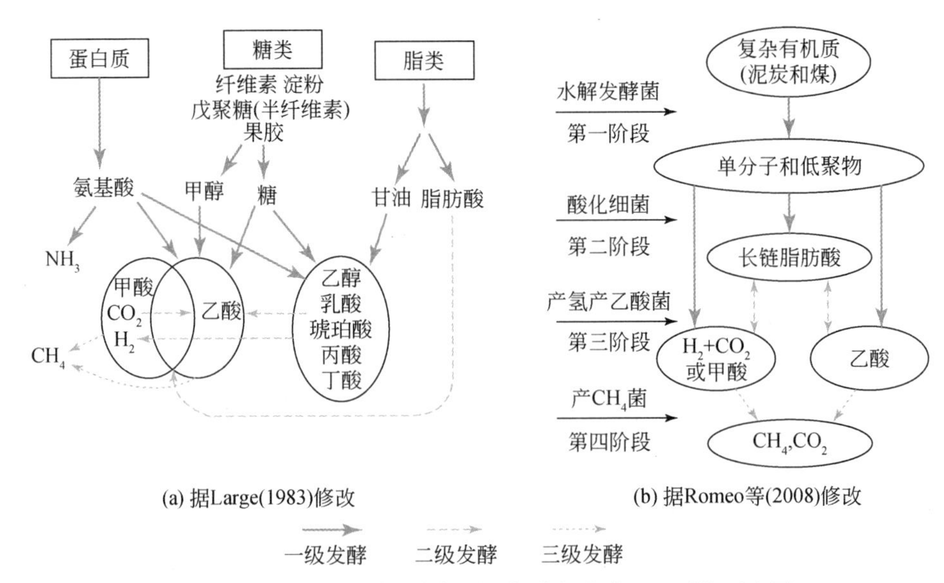

图 1-2　三阶段与四阶段有机质厌氧降解生成 CH_4 对比示意图

由此可见，三阶段的一级发酵主体相当于四阶段的第一阶段和第二阶段，同时包含第三阶段。在三阶段的二级发酵中，部分 H_2 和 CO_2 被产乙酸菌转化为乙酸，同时一些长链的脂肪酸进一步转化为乙酸和 H_2，此过程相当于四阶段中的第三阶段，并且可以认识到的一点是，在这个过程中，一些具有专性的还原菌是不断繁衍发育的。最后在三阶段的三级发酵中，产甲烷菌利用乙酸、H_2 和 CO_2 等还原生成 CH_4，这与四阶段中的第四阶段基本相同。鉴于此，生物成因 CH_4 的形成途径主要为乙酸发酵和 CO_2 还原（Schoell，1983；Rice and Claypool，1981；Whiticar et al.，1986），即

CO_2 还原：$CO_2 + 4H_2 \longrightarrow CH_4 + 2H_2O$

乙酸发酵：$CH_3COOH \longrightarrow CH_4 + CO_2$

诚然，上述生物成因气形成的发酵机理和两种基本生成途径得到多数学者的认同，但一个值得关注的问题是，次生生物成因煤层气的母源物质是什么？Scott 等（1994）认为，次生生物气由煤层中湿气、正构烷烃等经微生物作用产生。Gilcrease（1997）通过研究经过生物降解的煤层发现，煤中抽提物中的短链的正构烷烃含量较少，异构烷烃是主要的低分子量的烃类，在脂肪烃中占有优势的是异戊二烯类化合物。王爱宽（2010）证实了 Gilcrease 的看法，她通过对生物降解褐煤中的氯仿沥青“A”的族组分进行分析认为，族组分中的饱和烃是受微生物降解的主要成分，细菌对正构烷烃的降解能力比异构烷烃强，并且低碳数的正构烷烃受降解程度大于高碳数烷烃，降解后期长链烷烃才受到明显的生物降解作用。陶明信等（2014）在通过运用同位素示踪、煤有机地球化学分析等方法的基础上认为，煤层中的 CO_2 和 H_2 是直接母源物质，而可溶有机质和气态重烃是母源先质。

除此以外，Daisuke 等（2016）在地下深层发现了利用煤中的甲氧基芳香族化合物（methoxylated aromatic compounds，MACs）直接生成 CH_4 的甲烷生成菌，尤其是甲烷生成菌 Methermicoccus shengliensis AmaM 株（AmaM 株）与其近亲株 Methermicoccus shengliensis ZC-1 株（ZC-1 株）可以直接利用甲氧基芳香族化合物直接生成大量 CH_4。AmaM 株至少可以使用 35 种甲氧基芳香族化合物，ZC-1 株至少可以使用 34 种甲氧基芳香族化合物（图 1-3）。可见在 CH_4 生成途径方面，除了 CO_2 还原、乙酸分解和甲基化合物分解这三种以外，甲氧基芳香族化合物产甲烷菌的直接降解生成 CH_4 有望成为第 4 种途径，即

$4Ar\text{-}OCH_3 + 2H_2O \longrightarrow 4Ar\text{-}OH + 3CH_4 + CO_2$（Ar 代表芳香族基团）

同时 Daisuke 等（2016）进行了稳定的同位素示踪实验，阐明了基于甲氧基甲烷生成过程中代谢的模式，结果表明 CH_4 的 ^{13}C 含量随着甲氧基的 ^{13}C 含量的增加而增加，由此证明甲氧基中的 ^{13}C 确实被分馏到 CH_4 中，另外，发现在甲氧基营养甲烷生成过程中，一些额外的碳（除了甲氧基碳以外）被并入 CH_4 中，其中，CO_2 就可以通过还原的方式使其碳也被分馏到 CH_4 中，并认为大约 1/3 的甲烷碳来自于 CO_2 和 2/3 的甲烷碳来自于甲氧基基团。

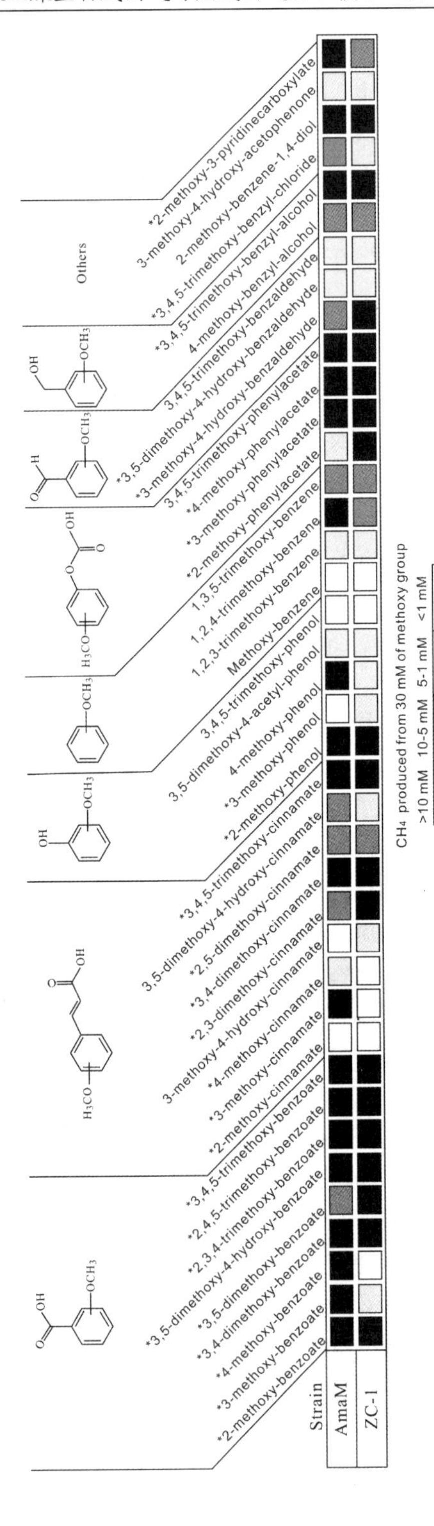

图1-3 甲氧基营养甲烷生成过程中 AmaM 和 ZC-1 利用的40种类型的甲氧基芳香族化合物(MACs)(引自Daisuki et al., 2016)

另外，不同的沉积环境会影响CH_4的形成途径，Whiticar 等（1986）的研究表明，淡水环境中生物成因CH_4是以甲基类发酵途径为主，$\delta^{13}C_1$值比海相环境中以CO_2还原成因的生物生成甲烷$\delta^{13}C_1$值更重，淡水环境中$\delta^{13}C_1$值平均为-59‰，而海相环境中$\delta^{13}C_1$值平均为-68‰。除了CH_4的碳同位素之外，生物CH_4的氢同位素组成与形成环境也密切相关，徐永昌（1994）认为，δD 值一般小于-160‰，最轻可小于-310‰；总体分布在-400‰～-150‰。Woltmate 等（1984）的研究显示，生物成因CH_4的氢同位素组成既受环境介质中氢同位素的影响，也与CH_4生成途径有关，CO_2还原成因CH_4比乙酸发酵成因CH_4更富氘同位素，Whiticar 和 Daniel 等的研究结果证实了 Woltemate 的结论，Whiticar（1996）认为，淡水环境相较于海相和咸水环境形成的甲烷更富^{13}C，贫氘；同时，Daniel 等（1980）认为，CO_2还原成因CH_4中的氢原子全部来源于共生的水介质，Whiticar（1999）的研究表明，甲基类发酵成因的生物CH_4中有 1/4 的氢来源于水介质，3/4 的氢源自于甲基；由于甲基氢相对于水介质中的氢具有较轻的同位素组成，使得CO_2还原成因CH_4的 δD 值更重。然而也有报道认为，贫硫酸盐的淡水环境中形成的CH_4的氢同位素主要受控于孔隙水的 δD 值，与CH_4形成路径无关。

值得注意的是，次生生物成因煤层气CH_4碳同位素值（$\delta^{13}C_1$）有表现出比公认的生物气$\delta^{13}C_1$下限值-55‰更轻的取向，其中，新西兰亨特利、奥哈伊和格雷茅斯煤层，以及中国的新集、李雅庄、恩洪地区煤层，$\delta^{13}C_1$值明显小于-55‰；澳大利亚的悉尼盆地和鲍恩盆地二叠纪煤层中的$\delta^{13}C_1$值（-60±10‰）也有体现，秦勇（2005）认为这两个盆地煤层气组成在很大程度上受微生物降解作用的控制。另外，热解成因煤层气的混入可能会使个别盆地的$\delta^{13}C_1$值较高。同时，国内外的研究表明，生物成因CH_4的碳同位素很轻，远低于热成因CH_4的$\delta^{13}C_1$值，但对于煤层生物成因气$\delta^{13}C_1$值偏低的机理，目前仍没有统一的理论解释。一般解释是，源岩母质的碳同位素组成和同位素动力分馏效应控制影响了生物气的$\delta^{13}C_1$值。有机物中^{12}C—^{12}C键和^{13}C—^{12}C键断裂所需的活化能相对于^{13}C—^{13}C键较低，^{12}C的化学活性较大，由此可见，不论是乙酸发酵，还是CO_2还原，生物成因CH_4均会趋于富集轻碳同位素；加之煤层气运移过程中的同位素分馏作用等多种次生因素的影响，生物成因煤层气的$\delta^{13}C_1$也会变轻。

影响次生生物成因煤层气的因素本质上是制约微生物活动的因素，特别是甲烷菌的繁殖必须在严格的厌氧还原环境下进行，同时有机质的类型和丰度、硫酸盐和硝酸盐的含量、适宜的温度、水介质中的 pH 和孔隙空间是影响甲烷菌生存活动的必要条件（徐永昌，1994）。一般认为，甲烷菌在温度为 0～80℃、缺氧、缺SO_4^{2-}和低矿化度的近中性的水介质环境中能够不断地繁衍富集，前人也对其中的各个因素做了很多研究工作。

对于环境的氧化还原程度，Cappenberg（1974）认为，CH_4菌只能生存于氧化还原电位（Eh）低于-200mV 的环境中；Bryant（1976）提出的 Eh 值更小，要小于-330mV，而且最适宜的氧化还原电位值为-540～590 mV，只有在如此严格的厌氧环境下 CH_4 菌才能生存。夏大平等（2012）在实验室中采用-102mV、-153mV、-208mV、-284mV、-315mV 这 5 个氧化还原电位值对低煤级样品进行了生物 CH_4 模拟产出实验，结果表明，在-284mV 时，生物 CH_4 的浓度最大，-102mV 时最小，氧化还原电位较低时产 CH_4 菌的繁殖更快。另外，Zeikus 和 Winfrey（1976）对多门塔沉积物研究时发现，5 月（16℃）比 1 月（4℃）沉积物样品中的 CH_4 生成速率高 100～4000 倍；同时，Zeikus 于 1977 年对甲烷菌生存的温度和新陈代谢最适宜的温度做了研究，认为 0～75℃为生存温度区间，超过 75℃将不利于甲烷菌的生存繁殖，而且 4～45℃为新陈代谢活跃的区间。李明宅等（1997）对山西柳林庙湾矿石炭系和二叠系的两个煤样进行了厌氧微生物降解，并分别在 35℃、55℃和 65℃时获得了生物气，75℃时停止产气，结果表明 30～40d 是一个分水岭，在 35℃和 55℃培养下的产气实验，在时间大于这个分水岭时，产气率高于空白对照组，而 65℃培养下的产气率却低于空白对照组，35～55℃是产气的主要作用阶段。

硫酸盐和硝酸盐能够显著地抑制甲烷菌的生长和繁殖，只有待两者绝大部分消耗完时，CH_4 才能大量生成（Chen and Keeney，1972；Winfrey and Zeikus，1979；Mountfort 等，1980；Lovley and Klug，1983；王庭斌，2002）。王大珍（1983）的研究表明，随着沉积深度的增加，沉积孔隙水中的 SO_4^{2-} 与 CH_4 呈现负相关关系，沉积深度越大，SO_4^{2-} 含量越少，CH_4 含量越大。在自然地质环境中，高浓度的硝酸盐其实很少出现，所以通常硝酸盐对甲烷菌的抑制作用不是很明显，而环境水介质中的硫酸盐含量对甲烷菌有较大的影响，由于硫酸盐还原菌摄取乙酸和 H_2 的能力强于甲烷菌，当有较高浓度的 SO_4^{2-} 时，它们之间的竞争可抑制甲烷菌的繁殖（Rudd and Taylor，1980）。当然水介质中的 pH 也对甲烷菌的生长发育繁殖起着至关重要的作用，甲烷菌适合生长的 pH 范围为 5.9～8.4，最佳 pH 范围为 6.5～8.0（关德师，1990；林春明和钱奕中，1997），pH 超过 8.0 时甲烷菌就受到抑制，徐永昌（1994）也有相同的看法，认为最适合甲烷菌繁殖的 pH 为 6.4～7.5，低于 6.0 或高于 8.0，甲烷菌生长和 CH_4 产率都会明显受到影响。此外，微生物活动需要一定的孔隙空间，由于其体积大小平均为 1～10μm，而低煤级中主要的孔容组成是大孔和中孔，完全能够达到甲烷菌的活动空间，但页岩的孔隙空间平均为 1～3nm（Momper，1978），因此，在致密的页岩中，细菌生存的可能性较小。

1.2.3 生物成因气模拟

Scott（1999）曾提出了向煤层中注入产甲烷菌群和营养物质，通过营造产甲烷菌生存环境，使其不断繁殖，并通过逐渐降解煤、沥青质和石蜡等方式来增加

煤层中 CH_4 的绝对含量，由此产生了煤层 CH_4 微生物强化开采的概念。这种创新性思想开启了增加煤层气产量的新模式，同时也为通过物理模拟的方式研究煤层气次生生物成因埋下了伏笔。国内外一系列生物气模拟实验也明确表明，煤是可以在厌氧微生物作用下产生次生生物气的（丁安娜等，1995；李明宅等，1996，1997；李明宅和张辉，1998；Smith and Pallasse，1996；刘洪林等，2006；Michael et al.，2008；Steve et al.，2008；王爱宽，2010；苏现波等，2011，2012，2013；夏大平等，2012；林海等，2012；汪涵等，2012；王艳婷等，2013；鲍园，2013）。虽然通过物理模拟生物气生成的方式不能完全体现自然地质条件下微生物菌群的复杂性与多样性，但仍不失为现有条件下研究分析煤层中微生物降解产气的最佳手段。

这些沉积物中的厌氧微生物主要包括水解发酵菌、酸化细菌、专性产氢产乙酸菌、产甲烷菌、硝酸盐还原菌、硫酸盐还原菌、铁还原菌等，只有这些微生物类群共同作用，才能有效地将沉积物中的有机质转化为 CH_4。实际上，沉积物生物气实验大多集中在油藏的微生物降解研究中，而煤层中生物气产出的物理模拟实验相对较少。另外，低煤阶煤层气生物成因物理模拟大多集中在厌氧微生物的培养和外界因素对微生物产气的影响，以及微生物产气规律的研究中。

高玲和宋进（1998）利用云南保山盆地内羊邑新煤矿和清水沟煤矿的褐煤在35℃温阶下进行了历时 116d 的生物气生成模拟实验；实验结果表明，两个褐煤最大的产 CH_4 速率时间段是 10～30d，随后产 CH_4 的速率逐渐较小。刘洪林等（2006）针对我国西北低煤阶地区的煤样分别在 30℃和 35℃两个温阶下进行甲烷菌产气实验，采用了制取悬浮性接种物方法，弃去了一次富集培养中非活性有机物的绝大部分，再经过二次富集提高微生物的浓度与活性；实验结果表明，产 CH_4 量在 60d 以后呈现下降趋势，并证明微生物群落中不但有产甲烷菌存在，也有甲烷消耗菌存在。

Steve 等（2008）对美国粉河盆地和阿拉斯加的褐煤，以及亚烟煤在微生物作用下的产甲烷性能进行了研究，认为煤中产生大量 CH_4 与微生物作用密切相关，随着 H_2/CO_2 添加比例的变化，来自粉河盆地煤样中的产甲烷菌能够产生 140.5～374.6 ml/kg 的 CH_4；来自阿拉斯加的两个褐煤也证实具有类似 CH_4 产量（131.1～284.0 ml/kg）。在实验室条件下，添加 H_2/CO_2 后，煤样产生了 CH_4，但添加高浓度的醋酸不能明显增加 CH_4 生成量，并且产甲烷菌活性受到抑制时，醋酸含量不断积累，这说明在 CH_4 产生过程中产生了醋酸，同时也消耗了醋酸。另外，Steve 等认为，地下煤层中的有效基质和不同微生物组群之间的竞争是影响 CH_4 生成的两大重要因素。

王爱宽（2010）利用云南省昭通褐煤中的本源菌进行厌氧富集培养，进行了为期 60d 的次生生物气物理模拟产出实验，全方位地分析了生物气的产出规律、物质组成和成因机制；结果表明，利用褐煤成功富集了煤中原有的活性厌氧菌，产气经历了缓慢增长、显著增高和趋于减缓 3 个阶段，而且甲烷菌的数量和活性在第二阶段达到较高水平，另外，微生物首先降解产气的是腐殖组，为第一产气周期，主要是乙酸发酵；其次才是稳定组和惰质组，为第二产气周期，该周期有 CO_2 还原作用参与，并认为甲烷菌数量和腐殖组含量直接影响生气潜力，矿物质对生气量也有明显影响。产出的 CH_4 的 $\delta^{13}C_1$ 值和 δD 值均处于次生生物气正常范围，认为底物类型和 CH_4 生成途径是 $\delta^{13}C_1$ 随着降解时间延长而变轻的主要控制因素，同时，$\delta^{13}C_1$ 有明显从原煤向生物气中迁移的特征，造成这种迁移行为差异的重要原因是母源继承关系和显微组分构成。同时发现，微生物降解的主要成分是褐煤族组分中的饱和烃，细菌对偶数碳烷烃、正构烷烃的降解能力更强，且低碳数的正构烷烃受降解程度大于高碳数烷烃，降解后期长链烷烃才受到明显的生物降解作用。

以低煤级煤为生气基质做厌氧细菌培养产气实验具有可行性，但外界因素对微生物产气的影响也是一个重要的方面，王爱宽（2010）研究底物类型、粒度、矿井水等对褐煤生物气产出的影响，结果显示，不同配比的酵母浸出液、甲醇和乙酸钠溶液对生物气产出具有抑制或激活作用，较小粒度的褐煤有利于提高产气率，不同比例矿井水的添加能够有效增加次生生物成因煤层气的产量。苏现波等（2011）对河南义马的低煤级煤进行了 6 个盐度和 5 个 pH 的生物 CH_4 生成模拟实验，结果表明，不同条件下均有 CH_4 生成，同时也有 CO_2 和少量其他气体生成；盐度和 pH 均能影响 CH_4 生成，且盐度越高，CH_4 生成量越小，当盐度为 25000ml/g 时，CH_4 生成量急速减少；酸性或碱性增强均能导致 CH_4 生成量减少，pH=8 时，CH_4 产出量最大；另外，pH 相较于盐度对 CH_4 生成产生的影响更明显。随后，苏现波等（2012）和夏大平等（2012）又分别讨论了低煤级煤生物甲烷物理模拟中的温度和氧化还原电位对产气规律的影响，其规律与前述一致，此处不再赘述。值得提及的是，前人在低煤级煤层气次生生物成因的模拟中存在偶然因素，这主要是每次模拟中大都采用排水集气法，由于 CH_4 和 CO_2 都能够溶解于水中，在一定程度上会使得生成气体组分失真和同位素分馏；前人模拟中厌氧培养瓶数量较少，不能反映产气的一般规律，此外，在次生生物煤层气成因机制上缺乏对微生物作用降解后煤中物质组成的分析。

1.2.4 热成因气模拟

热力形成天然气是一个漫长、复杂的地质过程，实验室中不可能重现这种低温又极其缓慢的生气过程，国外学者 Lopatain（1971）、Connan（1974）和 Waples（1980）等提出，通过温度弥补时间对烃源岩的地质效应后，出现了多种通过快速升温以达到短时间内模拟源岩生烃过程的实验，这些模拟实验现已广泛应用到油气资源评价、油气源对比和烃源岩生气史等研究工作中，是认识生烃过程、阶段和机理，以及源岩成烃潜力与资源评价的重要技术手段。热模拟实验的初始样品应具有适当的成熟度，在一般情况下应选用成熟度低、有机质丰度高，并且有机质类型具有代表性的样品。另外，最初的模拟实验大多只考虑温度对生烃过程的影响（Eisma and Jurg，1967；Henderson et al.，1968；Brooks and Smith，1969；Tissot and Welte，1978），之后进行的热模拟实验考虑了不同有机质类型、温度、压力、时间、催化剂、加水与不加水、热模拟体系的封闭程度、烃源岩改性等对热解生烃的影响（Hunt，1979；Durand and Monin，1980；汪本善等，1980；刘德汉等，1982；傅家谟等，1987；卢双舫等，2006；卢红选等，2007，2008；王秀红等，2007；邱军利等，2011；董鹏伟等，2012；葛立超等，2014）。

对于低煤级煤热成因模拟而言，前人研究更多地集中于热解过程中的气态产物特征及其动力学分析、催化剂对煤中有机质生烃的影响、煤岩显微组分热解气特征、煤成烃热模拟的地球化学特征等（刘全有，2001；刘全有等，2002，2007；刘文汇等，2003；林练和郭绍辉，2005；段毅等，2005b；李美芬，2009；曾凡桂和贾建波，2009；卢红选等，2007，2008；周志玲，2010；王民等，2011；李伍等，2013；段毅等，2014，林东杰等，2014；陶明信等，2014）。另外，煤岩生烃热模拟的体系可分为三种，分别是开放体系、半开放体系和封闭体系，三种方式各有优缺点；半开放体系用得较少，开放体系模拟的是有机质初始裂解反应，包括 Rock-Eval 热解仪、Py-Gc 热解-气相色谱仪、Py-Gc-Ms 热解-气相色谱质谱仪、热解失重仪等，最大优点是设备简单，便于操作；最大缺点是无法考虑压力对生烃过程的影响，较适合Ⅰ型和Ⅱ型烃源岩生烃特征模拟（张辉和彭平安，2008）。封闭体系可以模拟大分子二次裂解成小分子的反应，一般包括钢质容器封闭体系、玻璃管封闭体系和黄金管封闭体系，最大的优点是可以模拟源岩的最大生成量，由于液态组分无法排出，这些组分会在高温条件下进一步裂解，因此，不适合原油模拟实验，较适用于Ⅲ型烃源岩（张辉和彭平安，2008）。

邱军利等（2011）针对南宁盆地的木质褐煤进行了热解生烃实验，结果表明，开放体系与封闭体系的气态烃产率演化轨迹相似，即随着温度升高，气态烃产率增加；但相同温度下封闭体系的气态烃产率较高一些，液态烃产率较低一些，这表明封闭体系下褐煤中不仅存在有机质的初次热解气，还存在液态烃的二次裂解成气。煤属于富集有机质，并具有较大的吸附性，生排烃的环境应为密闭体系和半密闭体系。不仅如此，自 Lewan 等（1979）首次采用加水热模拟实验方法以来，热模拟实验开始考虑实际地质过程中水介质、矿物质和微量元素等对油气生成的控制作用。目前，普遍认为水介质条件下的热模拟实验获得的热演化轨迹更接近自然演化轨迹。另外，加水热解只能在封闭体系中进行，Lewan 和 Williams（1987）的研究认为，由密闭体系下加水恒温热解实验得到的产烃率-温度（或成熟度）关系可以以成熟度为桥梁应用到实际地质条件中。综上所述，可以认为煤岩在封闭体系中加水进行热解实验是一个较为合适的方式，与实际的地质演化具有可比性。

鉴于上述，本书收集低煤级煤在封闭体系下的热模拟实验普遍典型的研究成果，以期寻找出低煤级煤热解生烃的规律。由图 1-4 所示，低煤级煤热解组分产出过程无论是从产率还是从百分含量来看，大致具有相同的规律；CH_4和 CO_2 在整个热解过程中所占的份额最大，在中低温阶段，升温速率的提高进一步增大了两者所占的比例，在高温阶段，升温速率对两者所占比例的影响才逐渐消失；另外，随着热解温度的逐渐升高，CH_4 和 CO_2 两者产率不断增大，但百分含量却呈现不同的趋势，前期（300～570℃）CH_4 百分含量不断增大，而 CO_2 百分含量随之减少，同时热解产出的重烃在此温度区间经历了由少到多再减少的过程，且存在随着升温速率增大，峰值向低温偏移的趋势；后期（570～650℃）CH_4 百分含量有减少趋势，而 CO_2 却有回升之势；重烃在此区间略有减少并趋于平缓。H_2 在整个温度区间变化幅度较小，总体产出平稳，含量较少。值得注意的是，这仅仅针对的是全煤热解的情况，而低煤级煤煤岩显微组分在热模拟中的成气特征和相关的地球化学效应有待于进一步研究。

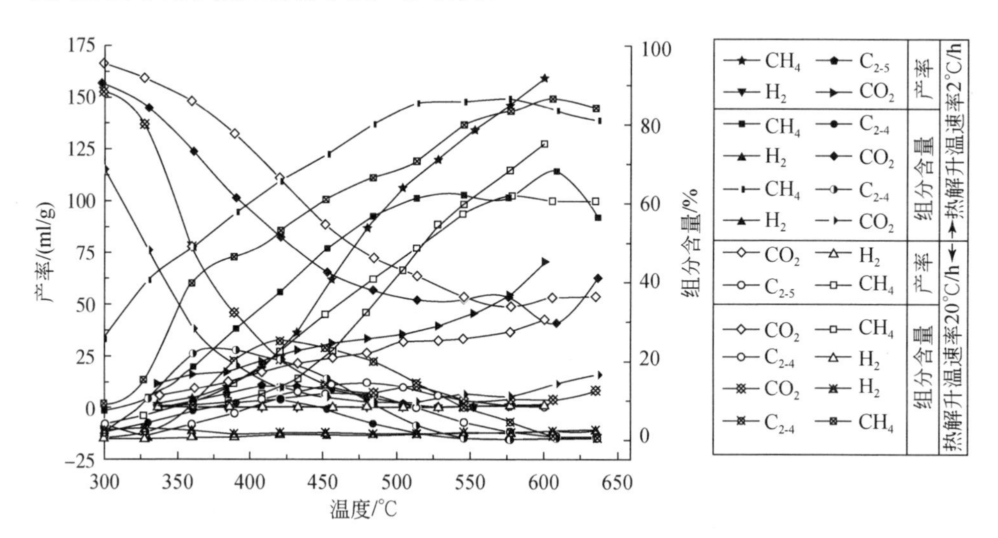

图 1-4　低煤级煤全煤热解组分和产率特征（据王民等，2011；陶明信等，2014）

刘全有等（2002）选择塔里木盆地满加尔凹陷侏罗系演化程度较低（R_o=0.4%）的煤岩，首先通过重液分离法对煤中的显微组分进行了分离，然后对全煤及各个组分进行了热模拟生烃实验，结果表明，煤岩及其各显微组分产气率均随着温度的升高呈增长的趋势，其中，腐殖组和壳质组具有较强的产气潜力，丝质组和半丝质组产气量甚低，而全煤表现为各显微组分成烃的综合效应。随后刘全有等（2007）对该处煤岩显微组分热解产生的烷烃系列化合物进行了色谱-质谱分析，结果发现，各显微组分的正构烷烃系列化合物的碳数均呈双峰型分布；随着温度升高，后峰相对强度逐渐降低，这说明正构烷烃系列化合物在热作用下易发生降解；另外，煤岩各显微组分在整个热模拟实验中表现为姥鲛烷优势，随着热模拟温度升高，Pr/Ph 值表现为先增加后逐渐降低的变化趋势。

刘文汇等（2003）对低煤级煤岩和主显微组分热解气碳同位素组成进行了研究，认为可以通过精细的热解模拟来提供不同含煤沉积盆地煤型气的判识指标。段毅等（2014）对中、低煤级煤及原始成煤物质泥炭进行了热模拟实验，分析了热解煤成 CH_4 的碳同位素演化及动力学特征，研究表明，在升温速率较高的条件下，具有壳质组含量高且初始热演化程度低的煤岩，其形成煤层气的碳同位素组成较轻；热解煤层气 CH_4 碳同位素组成与 $\lg R_o$ 具有良好的相关性；此外，对比煤岩与泥炭的碳同位素动力学特征，表明泥炭比煤岩具有更轻的碳同位素。李美芬（2009）不仅研究了低煤级煤热模拟过程中主要气态产物的生成动力学，而且分析了其形成机理，研究发现低煤级阶段脂肪侧链具有定向性，热解产生的 CH_4、CH_3、C_2-C_4、C_6H_6 和 H_2 的生成峰温均在第一次煤化作用跃变附近最小，而 CO_2 和 H_2O 的开始生成温度在第一次煤化作用跃变附近最高，说明煤热解特征参数及热解产物的生成特征参数、动力学参数均在第一次煤化作用跃变附近发生了转折，并认为第一次煤化作用跃变的实质是含氧等杂原子官能团的脱除与缩聚反应相互之间竞争的结果，并以镜质组反射率 0.6%为界，在 0.6%左右缩聚反应达到了第一次高峰，之前以脱除杂原子官能团占优势，之后进入了烷基侧链的脱除阶段，同时缩聚反应被抑制；需要指出的是，这种缩聚并非芳香体系的缩聚，而是残余的含氧等杂原子官能团之间的相互作用形成的新的官能团，而导致分子体系增大。

1.3 存在问题

1）生物作用降解生烃模拟气体收集及作用后煤中物质组成研究薄弱。低煤级煤生物成因气模拟存在研究时间短的问题，模拟中大都采用排水集气法，该方法在一定程度上会出现气体组分失真和同位素分馏等问题，前人研究多侧重于气体产率和微生物生长影响因素的研究，缺乏对微生物作用后煤中物质组成的分析，尚不清楚微生物对煤中分子结构的哪些基团有显著影响，前人以褐煤作为对象研究较多，长焰煤研究较少。此外，前人生物降煤实验中厌氧培养瓶数量较少，很难反映产气的一般规律。

2）具有生物作用的煤层气成因判识指标单一。在煤层气成因判识方面仍停留在主要以气体组分和碳氢同位素组成来作为判识手段的阶段，在地质历史时期，煤层气同位素存在分馏现象，致使利用碳氢同位素进行判识成因有偏差。考虑因微生物作用降解引起煤岩中生物标志化合物变化等其他判识指标还鲜有报道。

3）热解气同位素组成与结构演化关系不清。前人在低煤级煤热解生烃模拟方面做了很多研究，但研究大部分集中于热解过程中气态产物的地球化学特征及其动力学机制，对于热解气碳同位素组成变化的原因，以及热解气碳同位素组成与煤结构演化之间的关系还有待于进一步揭示。

1.4 研究内容与研究方案

1.4.1 主要研究内容

基于上述存在的问题就以下几个方面进行了相关研究。

1)低煤级煤生物成因气模拟。分析生物成因气的气体组分及碳氢同位素组成，以及不同降解阶段的煤中有机质地球化学特征，寻找生物降解的生物标志化合物证据，结合气体组分和碳氢同位素组成，以及煤岩中的生物标志化合物，综合判识分析具有生物作用的低煤级煤层气成因。

2）低煤级煤热成因气模拟。主要分析热解气体组分、产率和碳氢同位素组成特征，以及其热解固体残渣水分、灰分、挥发分和有机显微组分。剖析热解气中 CH_4 和重烃气的演化轨迹，重点分析 CO_2 和 CH_4 的产率曲线变化规律，并构建两者的产率模型，探索热解气碳同位素组成变化的内在原因。

3）煤结构演化特征。分析微生物作用和热力降解过程中煤结构演化的特征，寻求微生物作用煤岩生烃的机理，探索热解烷烃气碳同位素组成与结构演化的关系。

1.4.2 研究流程与技术路线

1.4.2.1 第一阶段：文献调研、资料整理

查阅国内外相关参考，紧跟研究进展，调研前人关于吐哈盆地大南湖地区和准噶尔盆地阜康矿区的基本地质背景、构造演化、沉积、构造、水文地质条件等研究成果；收集研究区煤田地质、煤层气勘探开发参数井及试采井等资料，总结、归纳、提炼有用信息，为低煤级煤生物成因气与热成因气物理模拟提供必要的地质基础。

1.4.2.2 第二阶段：样品采集与基础测试

采集吐哈盆地大南湖地区的褐煤煤样，准噶尔盆地阜康矿区的长焰煤煤样，以及相关煤储层的气样，并保证采集样品的纯粹性、完整性和代表性。对样品的主要测试如下。

1）低煤级煤煤岩煤质及化学性质分析。补充褐煤和长焰煤的基本性质测试，如显微煤岩组分、镜质组反射率、工业分析等。

2）采集气样的组分和碳氢同位素测试。测定气样的组分和碳氢同位素组成为研究区煤层气成因判识提供依据。

3）利用压汞仪鉴定分析煤样的孔径结构、孔容和比表面积，利用扫描电镜观察低煤级煤孔隙类型、构成和发育状况，采用 X 射线衍射（XRD）鉴定低阶煤中的矿物构成。

1.4.2.3 第三阶段：低煤级煤生物成因气与热成因气模拟

1）生物成因气模拟。富集培养厌氧产甲烷菌，设计全封闭培养模式，利用富集培养的甲烷菌种液在厌氧培养瓶中降解低煤级煤进行产气，操作时需在厌氧手套箱中进行，并在 HZQ-F160 型全温振动培养箱中进行降解产气培养，温度设置为 37℃。利用气相色谱仪查明模拟产出气体的组成，测定产出气中 CH_4 和 CO_2 所占的百分含量，用同位素质谱仪测定产出气的碳氢同位素组成。对微生物作用后的煤样进行一系列的索氏提取，测定氯仿沥青“A”族组分，对族组分中的饱和烃进行色谱-质谱（GC-MS）分析，综合判识、分析生物成因气。

2）热成因气模拟。选用高压釜密闭体系加水装置模拟实验仪进行褐煤和长焰煤的生烃热模拟实验，模拟低煤级煤中有机质热解生烃演化过程，分析热解气体组分、碳氢同位素组成特征和产率。

1.4.2.4 第四阶段：数值模拟与分析

将红外光谱波数分为 3600～3000cm^{-1}、3000～2800cm^{-1}、1800～1000cm^{-1}、1000～500cm^{-1} 4 个区间，利用 Origin 中的分峰拟合程序对这 4 个区间进行峰的拟合与解叠，同时利用 PeakFit 软件拟合与解叠 ^{13}C NMR 图谱，共同分析低煤级煤脂族结构和芳香结构在微生物作用过程中的变化规律。利用红外光谱（FTIR）分析热解过程中煤结构的变化，探讨热解烷烃气碳同位素组成与结构演化的关系。

具体的研究技术路线如图 1-5 所示。

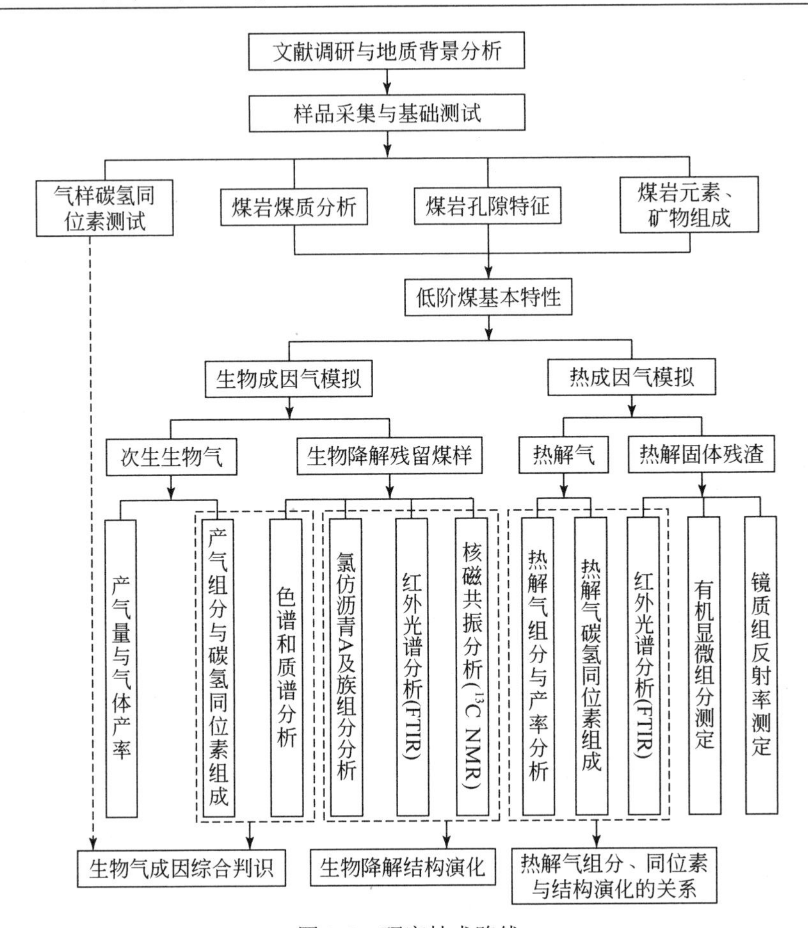

文献调研与地质背景分析
样品采集与基础测试
气样碳氢同位素测试
煤岩煤质分析
煤岩孔隙特征
煤岩元素、矿物组成
低阶煤基本特性
生物成因气模拟
热成因气模拟
次生生物气
生物降解残留煤样
热解气
热解固体残渣
产气量与气体产率
产气组分与碳氢同位素组成
色谱和质谱分析
氯仿沥青A及族组分分析
红外光谱分析(FTIR)
核磁共振分析(^{13}C NMR)
热解气组分与产率分析
热解气碳氢同位素组成
红外光谱分析(FTIR)
有机显微组分测定
镜质组反射率测定
生物气成因综合判识
生物降解结构演化
热解气组分、同位素与结构演化的关系

图 1-5　研究技术路线

2 地质背景

2.1 我国低煤级煤物性特征

低煤级煤主要指镜质组最大反射率（$R_{o,max}$）介于 0.2%～0.65%的褐煤和长焰煤，中国低煤级煤主要赋存在东北早白垩世和古近纪（袁三畏，1999），以及西北和华北的早-中侏罗世含煤地层中（韩德馨，1996；张新民，2002）。低煤级储层煤层气以有机成因为主，主要包括热成因和生物成因。特别是次生生物成因煤层气是低煤阶煤层气的重要补充，在美国的粉河和圣胡安盆地（Scott，1994），澳大利亚的悉尼盆地和鲍恩盆地（Smith and Pallasser，1996），波兰的上西里西亚盆地和鲁宾盆地（Kotarba and Rice，2001），加拿大的埃尔克瓦利煤田（Aravena et al.，2003），中国山西的李雅庄、云南的洪恩、淮南和淮北（陶明信等，2005；王万春等，2006；Tao et al.，2012；佟莉等，2013）等地，先后发现次生生物成因煤层气的存在，并多集中于中、低煤阶。作为低煤阶的粉河盆地早在 1998 年就已经实现了商业开发，并促使美国煤层气当年产量一度达到 337 亿 m^3，这种增长势头一直持续到 2004 年（Walter and Ayers，2002；Robert，2005）。进入 21 世纪后，加拿大和澳大利亚等国家也实现了低煤级储层煤层气产量的重大突破。与之相比，当前中国在中、高煤级储层煤层气开发过程中已形成以沁水盆地为代表的一定规模的商业性开发，而低煤级储层煤层气仍未取得商业意义上的产量突破，但中国低煤阶煤层气资源量约为 16 万亿 m^3，新疆地区 2000m 以浅煤层气总资源量为 9.5 万亿 m^3，并主要赋存于低煤阶的褐煤和长焰煤中，其中，准噶尔盆地和吐哈盆地占 62.6%（车长波等，2009）。由此可见，低煤级储层煤层气具有潜在的开发价值，开发利用低煤级储层煤层气资源对中国经济发展和能源结构调整将具有实际意义。

近年中国在新疆阜康、山西保德，以及陕西铜川、焦坪等地在低煤级储层煤层气开发过程中取得了一定突破，但始终没有把握产气规律，存在煤层气资源分布不明朗，以及储层基本物性研究不足等问题。鉴于此，本书系统统计低煤级储层煤层气资源分布，大数据精细分析低煤级煤的孔隙结构和吸附两方面物性特征。针对全国范围内的 93 个低煤级煤样进行了工业分析，以及煤岩显微组分和平衡水分（M_e）分析（表 2-1），结果表明，镜质组/腐殖组（V/H）介于 2.72%～94.65%，平均为 57.12%；惰质组（I）介于 0.5%～92.65%，平均为 36.48%；壳质组/稳定组（E/L）介于 0%～18.27%，平均为 6.03%。干燥无灰基挥发分产率（V_{daf}）随着 $R_{o,max}$ 增大呈现先增大后减少的趋势［图 2-1（a）］，拐点位于 $R_{o,max}$=0.5%附近，此处成岩作用基本结束，拐点之前处于凝胶化作用阶段，形成以腐殖酸和沥青质为主要成分的胶体物质，该阶段 V_{daf} 总体出现增大趋势，但数据点相对于之后的长焰煤阶段较离散，之后，随着煤化作用的进行，有机质中热解易挥发性物质对 V_{daf} 的贡献最大，这符合随着煤化程度增大，V_{daf} 减少的总体趋势。空气干燥基水分（M_{ad}）含量介于 1.1%～25.24%，总体随着 $R_{o,max}$ 增大呈现减少趋势［图 2-1（b）］。M_e 含量介于 2.59%～50.85%，其也呈现了随 $R_{o,max}$ 增大而减少的趋势［图 2-1（c）］。大部分样品的灰分产率（A_{ad}）低于 10%。

表 2-1　低煤级煤煤岩显微组分、工业分析、M_e 和孔隙度测试结果

采样地点	编号	$R_{o,max}$ /%	M_e /%	工业分析/%			煤岩显微组分/%			孔隙率（Φ）/%
				M_{ad}	A_{ad}	V_{daf}	V/H	I	E/L	
吐哈盆地	TH-1	0.50	8.79	4.31	4.82	43.47	69.78	26.17	3.32	2.29
	TH-2	0.53	11.85	6.69	14.01	40.25	75.00	18.48	5.83	2.80
	TH-3	0.54	6.78	3.61	7.29	47.55	87.01	2.89	10.89	2.99
	TH-4	0.54	10.14	3.37	12.46	44.15	90.52	1.81	8.15	4.23
	TH-5	0.55	7.75	4.63	4.14	40.69	76.99	17.72	4.71	4.41
	TH-6	0.56	11.61	7.74	3.51	39.76	85.68	10.79	3.29	5.19
	TH-7	0.56	13.62	10.78	0.40	38.07	72.20	24.69	2.56	—
	TH-8[A]	0.57	2.59	2.59	3.18	34.50	65.52	20.53	13.95	9.22
	TH-9	0.62	6.35	3.84	7.77	41.72	62.81	31.20	4.79	—
	TH-10	0.65	11.66	—	5.25	29.36	36.42	59.05	2.93	—
	TH-11[A]	0.65	—	4.74	2.38	23.73	6.34	87.51	6.14	13.70
准噶尔盆地	ZGR-1	0.40	7.70	7.70	5.99	39.46	72.54	16.80	10.66	8.22
	ZGR-2	0.45	—	4.01	5.77	57.73	—	—	—	5.74
	ZGR-3[D]	0.51	—	6.53	4.25	—	89.20	1.20	9.60	—
	ZGR-4[D]	0.53	—	6.64	2.33	—	86.30	6.10	7.60	7.23
	ZGR-5[D]	0.54	—	6.77	3.62	—	84.70	3.70	11.50	—
	ZGR-6[D]	0.54	—	8.86	4.24	—	14.90	83.10	2.10	—
	ZGR-7	0.54	5.67	3.63	3.16	32.39	54.79	40.21	3.70	—
	ZGR-8	0.57	8.71	3.45	7.34	31.53	36.70	60.30	1.91	—
	ZGR-9	0.58	—	10.48	3.69	—	16.50	79.50	3.90	—
	ZGR-10	0.59	6.37	1.93	3.63	39.07	72.02	25.10	2.88	0.79
	ZGR-11[D]	0.59	—	—	—	—	72.05	25.10	2.85	8.13
	ZGR-12[D]	0.60	—	2.50	2.98	—	27.60	66.90	5.50	4.33

续表

采样地点	编号	$R_{o,max}$/%	M_e/%	工业分析/%			煤岩显微组分/%			孔隙率（Φ）/%
				M_{ad}	A_{ad}	V_{daf}	V/H	I	E/L	
准噶尔盆地	ZGR-13	0.62	—	9.43	2.98	29.99	—	—	—	17.91
	ZGR-14[D]	0.62	—	1.10	9.12	—	44.00	49.00	7.00	3.25
	ZGR-15[D]	0.64	—	3.14	2.66	—	60.40	39.00	0.60	8.09
	ZGR-16[B]	0.53	—	6.64	2.33	—	—	—	—	7.23
	ZGR-17[B]	0.40	—	6.77	3.62	—	—	—	—	—
	ZGR-18	0.47	—	6.46	5.62	—	—	—	—	7.01
	ZGR-19[B]	0.60	—	6.80	9.00	—	—	—	—	—
	ZGR-20[B]	0.62	—	6.53	4.25	—	—	—	—	—
	ZGR-21	0.53	2.62	—	4.58	33.21	37.90	62.10	0.00	6.05
陕北地区	SB-1	0.55	—	10.90	4.98	38.60	53.01	31.97	15.02	8.39
	SB-2	0.65	—	—	4.97	30.50	55.11	26.62	18.27	—
铁法盆地	TF	0.64	8.87	4.37	19.78	30.68	94.65	4.60	0.75	—
伊犁盆地	YL-1	0.45	14.10	11.46	2.68	35.94	65.73	26.41	7.86	13.70
	YL-2[A]	0.65	—	—	4.92	27.60	14.29	79.18	6.54	12.10
	YL-3[B]	0.48	—	16.55	10.25	31.21	38.78	56.12	5.10	—
	YL-4[B]	0.50	—	14.65	12.13	41.26	45.45	45.45	9.09	—
	YL-5[B]	0.51	—	13.28	17.56	43.62	40.40	55.56	4.04	—
	YL-6[B]	0.57	—	12.18	16.64	39.86	65.00	25.00	10.00	—
	YL-7[B]	0.60	—	13.56	15.63	35.68	81.63	10.20	8.16	—
海拉尔盆地	HLR-1	0.24	50.85	25.24	9.02	—	40.02	50.21	9.77	16.90
	HLR-2	0.26	48.62	22.17	11.82	—	30.82	58.84	10.34	22.29
	HLR-3	0.33	23.17	9.64	5.08	34.01	26.16	63.98	9.86	11.84
	HLR-4	0.42	21.67	8.20	6.48	43.61	84.77	8.43	6.80	25.18
	HLR-5	0.42	29.12	11.65	8.13	41.42	82.53	14.06	3.41	31.91
	HLR-6	0.42	36.80	15.66	9.41	42.62	65.88	28.89	5.23	—
	HLR-7[A]	0.60	7.68	3.63	8.16	46.42	94.30	0.50	5.20	20.29
鄂尔多斯盆地	E-1[C]	0.59	—	4.30	5.89	40.45	83.10	8.00	6.70	3.60
	E-2[C]	0.59	—	4.14	7.19	40.13	71.00	14.70	13.00	5.60
	E-3[C]	0.59	—	3.86	12.63	39.69	51.90	26.40	17.30	3.91
	E-4[B]	0.45	—	12.16	3.32	—	—	—	—	—
	E-5[B]	0.48	—	15.29	5.87	—	—	—	—	—
	E-6[B]	0.41	—	20.30	3.23	—	—	—	—	29.20

续表

采样地点	编号	$R_{o,max}$ /%	M_e /%	工业分析/%			煤岩显微组分/%			孔隙率（Φ）/%
				M_{ad}	A_{ad}	V_{daf}	V/H	I	E/L	
鄂尔多斯盆地	E-7[B]	0.49	—	17.90	6.07	—	—	—	—	—
	E-8[B]	0.57	—	7.92	4.77	—	—	—	—	8.70
	E-9[B]	0.65	—	5.84	4.63	—	—	—	—	13.80
黄陵矿区	HL[A]	0.61	—	—	—	—	65.49	21.56	12.96	7.25
珲春盆地	HC-1	0.33	—	11.46	5.60	34.81	26.16	62.98	9.86	10.00
	HC-2	0.40	—	13.60	7.19	38.05	72.61	16.72	10.67	17.50
万全煤田	WQ	0.41	32.03	12.06	12.11	33.41	43.55	52.42	4.03	10.63
昭通盆地	ZT	0.30	—	10.12	12.84	42.40	81.63	12.54	5.83	18.24
柴达木盆地及祁连地区	CDM-1[B]	0.50	—	11.32	4.83	—	44.67	50.70	4.63	—
	CDM-2[B]	0.48	—	11.38	7.80	—	76.23	19.96	3.81	—
	CDM-3[B]	0.50	—	14.84	9.52	—	75.75	18.25	6.00	9.40
	CDM-4[B]	0.50	—	16.01	2.22	—	90.98	1.82	7.19	—
	CDM-5[B]	0.48	—	11.87	1.80	—	78.77	12.37	8.85	13.20
	CDM-6[B]	0.52	—	10.12	1.57	—	68.10	28.97	2.92	—
	CDM-7[B]	0.46	12.20	10.58	6.04	—	24.65	71.72	3.64	25.70
	CDM-8[B]	0.43	—	9.25	15.66	—	16.77	80.25	2.98	17.10
	CDM-9[B]	0.50	16.10	9.34	8.74	—	32.37	62.27	5.36	8.69
	CDM-10[B]	0.55	—	—	—	—	—	—	—	—
	CDM-11[B]	0.59	—	11.60	7.22	—	2.72	92.65	4.63	22.40
	CDM-12[B]	0.45	—	11.14	3.8	—	69.19	28.48	2.32	18.40
	CDM-13[B]	0.54	—	3.56	2.56	—	61.25	33.60	5.15	—
	CDM-14[B]	0.36	—	—	13.62	—	82.69	12.24	5.07	—
	CDM-15[B]	0.38	—	4.38	16.34	—	87.55	0.91	11.54	5.31
	CDM-16[B]	0.47	—	2.58	32.74	—	78.83	15.33	5.83	—
	CDM-17[B]	0.43	—	10.37	7.76	—	29.35	67.91	2.73	—
	CDM-18[B]	0.43	—	10.16	10.84	—	55.49	40.68	3.83	—
	CDM-19[B]	0.44	—	10.58	10.9	—	46.86	49.80	3.35	16.80
	CDM-20[B]	0.39	15.31	9.94	13.84	—	12.54	82.20	5.26	19.60
	CDM-21[B]	0.53	—	10.16	14.22	—	39.08	56.11	4.81	—
	CDM-22[B]	0.59	10.66	7.18	9.16	—	85.57	13.93	0.50	14.30
	CDM-23[B]	0.43	—	8.24	11.74	—	60.34	37.21	2.45	17.60

续表

采样地点	编号	$R_{o,max}$/%	M_e/%	工业分析/%			煤岩显微组分/%			孔隙率（Φ）/%
				M_{ad}	A_{ad}	V_{daf}	V/H	I	E/L	
塔里木盆地	TLM-1B	0.47	—	10.70	7.80	—	27.54	70.19	2.28	—
	TLM-2B	0.54	—	10.51	6.84	—	14.42	83.42	2.16	—
	TLM-3B	0.45	—	10.54	8.58	—	11.44	87.47	1.09	—
	TLM-4B	0.54	—	11.34	2.04	—	80.04	18.05	1.91	—
	TLM-5B	0.40	—	9.31	4.32	—	18.00	77.20	4.80	—
	TLM-6B	0.36	—	8.86	3.71	—	22.31	70.99	6.69	—
	TLM-7B	0.41	—	8.13	7.84	—	70.75	15.62	13.63	24.52

注：A_{ad}-灰分；ad-空气干燥基；daf-干燥无灰基；A-引自王可新（2010）；B-引自扬起等（2005）；C-引自傅小康（2006）；D-引自简阔等（2014）。

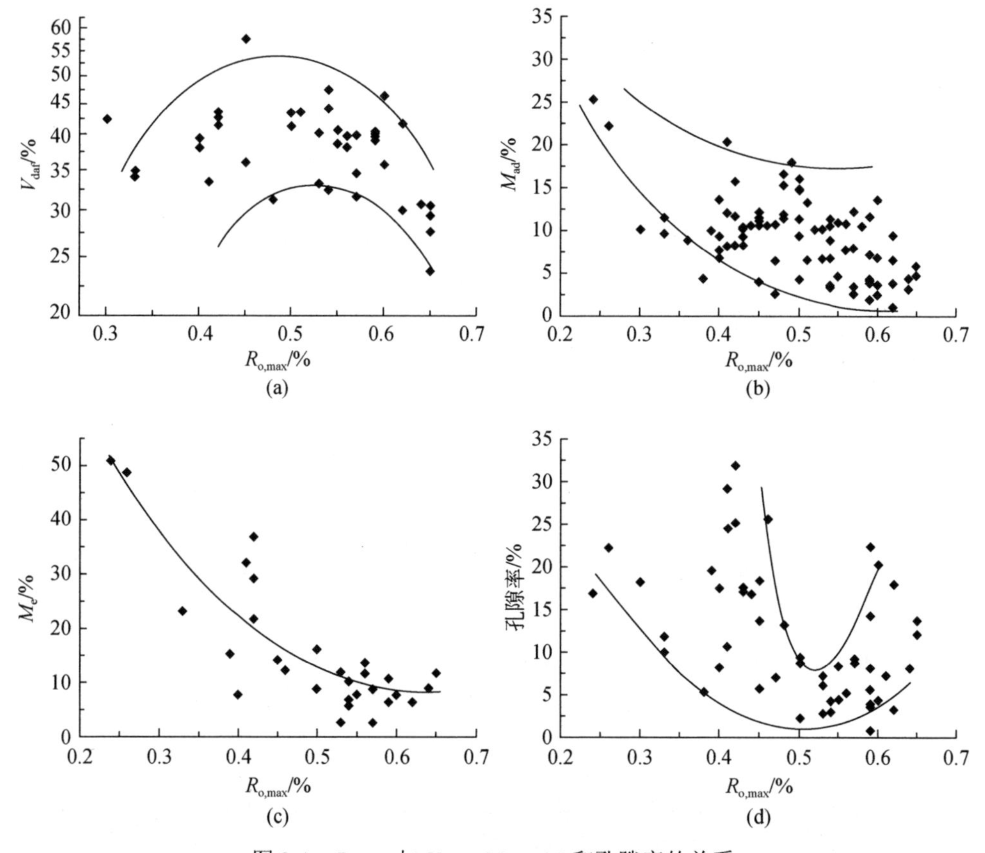

图 2-1 $R_{o,max}$ 与 V_{daf}、M_{ad}、M_e 和孔隙率的关系

煤的孔隙结构是研究煤层气赋存状态，气、水介质与煤基质块间物理化学作

用的基础，并具有较高的非均质性，孔径范围可以从几纳米到超过 1μm（Pillalamarry et al.，2011），这给微生物的生存繁殖提供了足够的空间，煤中大孔和中孔有利于煤层气的运移，而过渡孔和微孔主要存在于煤基质中，是煤层气的存储空间，尤其微孔是煤层气主要的吸附空间（Levy et al.，1997；Crosdale et al.，1998；Clarkson and Bustin，1996，1999；Gareth et al.，2007；Hou et al.，2012；Zhang et al.，2013；Liu et al.，2015）。本书测试和收集的孔隙率数据均采用比重瓶法，低煤级煤的孔隙率介于 0.79%～31.91%（表 2-1），平均为 11.77%，并随着 $R_{o,max}$ 增大先减少后增大，$R_{o,max}$=0.5%孔隙率最小［图 2-1（d)］。总孔容（V_t）与孔隙率（Φ）有相同的演变规律，呈现出类似“V”形分布。随着 $R_{o,max}$ 不断增大，大孔孔容（V_1）、中孔孔容（V_2）和微孔孔容（V_4）在逐渐减少；过渡孔孔容（V_3）和总孔容（V_t）以 $R_{o,max}$=0.50%为界，先减小后略有增大［图 2-2（a)］。此外，随着 $R_{o,max}$ 不断增大，大孔孔比表面积和中孔孔比表面积（分别为 S_1 和 S_2）在逐渐减少，过渡孔孔比表面积和总孔孔比表面积（分别为 S_3 和 S_t）也以 $R_{o,max}$=0.50%为界，先减小后略有增大，微孔孔比表面积（S_4）总体保持不变［图 2-2（b)］。这可能与微孔孔径很小有关，使得微孔孔容微弱的变化对孔比表面积影响较小。

以前的研究表明，当 $R_{o,max}$<1.10%时，孔容不断减少（Gürdal and Yalçın，2001），但前人缺少对低煤级阶段的详细研究，在成岩作用阶段（$R_{o,max}$<0.50%），沉积物不断脱水和压实，孔隙率减小；当 $R_{o,max}$>0.50%时，成岩作用结束，煤中有机质进入热解生烃阶段，生烃作用在煤中产生较多小孔径的气孔，加上煤化作用早期沥青产生的量较少，孔隙被沥青堵塞得并不明显，这两方面原因导致孔隙率、总孔容和总孔孔比表面积有所增大。另外，可以推测 10～100 nm 的过渡孔在热解生烃过程中产生得较多，导致过渡孔孔容和比表面积在 0.50%<$R_{o,max}$<0.65%阶段也有所增加。因此，总结来说，当 $R_{o,max}$<0.5%时，沉积物的脱水和压实作用使孔隙率减小；

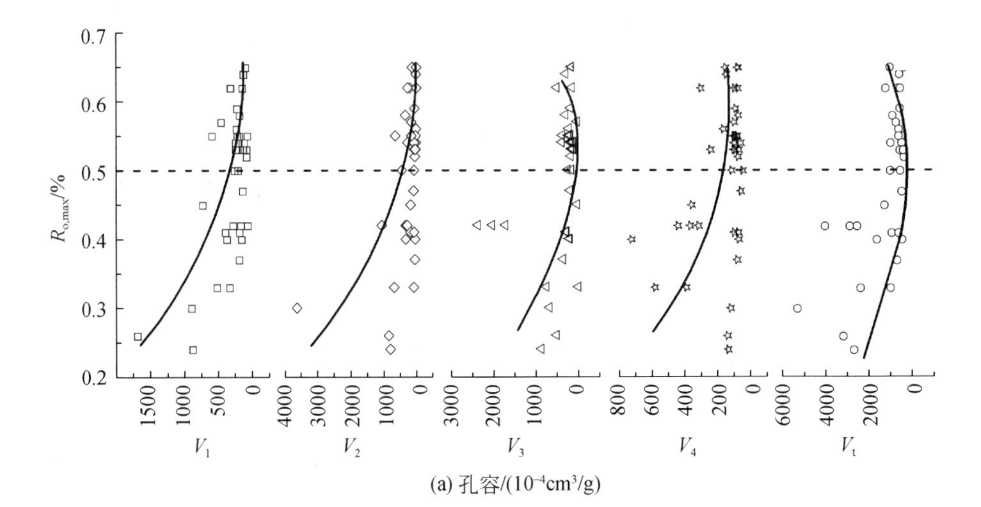

(a) 孔容/($10^{-4}cm^3/g$)

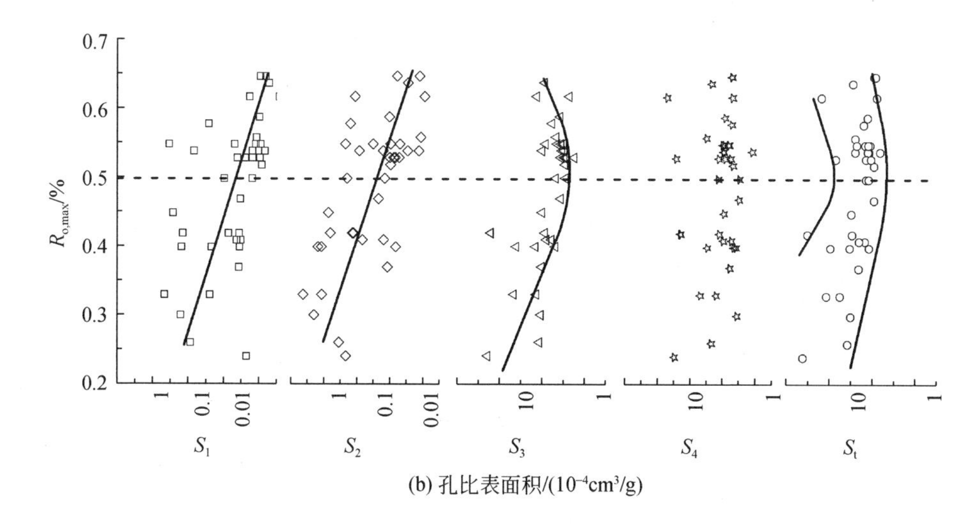

图 2-2 低煤级煤孔容、孔比表面积与 $R_{o,\max}$ 的关系（引自 Jian et al.，2015）

当 $R_{o,\max}$>0.5%时，生烃作用在煤中产生较多的气孔，沥青产生的量较少，对孔隙的影响并不明显，这两方面原因导致孔隙率总体增大。煤化作用早期（$R_{o,\max}$<0.65%），煤中芳香层细小，大分子基本结构单元侧链不断脱落生成油气，最为发育的孔是孔径为 10～100 nm 的过渡孔。

本书针对低煤级煤的平衡水煤样分别在 25℃和 30℃条件下进行 CH_4 等温吸附实验，朗缪尔体积（V_L）和朗缪尔压力（P_L）均在干燥无灰基条件下获得。测试结果见表 2-2，在 25℃条件下，朗缪尔体积变化范围介于 1.13～13.77 cm³/g，平均为 6.77 cm³/g，大部分在 8.00 cm³/g 以下；朗缪尔压力介于 0.58～8.79 MPa，平均为 2.71 MPa，大部分在 3.00 MPa 以下。在 30℃条件下，朗缪尔体积变化范围介于 5.50～30.98 cm³/g，平均为 13.79 cm³/g，大部分在 14.00 cm³/g 以下；朗缪尔压力介于 0.52～19.33 MPa，平均为 3.77 MPa，大部分在 3.00 MPa 以下。

在低煤级阶段，镜质组/腐殖组最大反射率（$R_{o,\max}$）并不能很好地反映煤的吸附能力。不同 $R_{o,\max}$ 值的 CH_4 吸附等温线出现了交叉叠置的现象。当 $R_{o,\max}$>0.50%时，低煤级煤的 CH_4 吸附等温线交叉叠置现象出现较多［图 2-3（b）］，因此，会存在 $R_{o,\max}$ 值较低煤的吸附能力强于 $R_{o,\max}$ 值较高的煤。只有在 $R_{o,\max}$ 值相差较大的情况下，高镜质组/腐殖组反射率煤的吸附能力才明显大于低反射率的煤，如图 2-3(a)所示，$R_{o,\max}$ 大于 0.40%的吸附曲线出现了明显高于 $R_{o,\max}$ 为 0.26%和 0.24%的情况。以前的研究表明，当 $R_{o,\max}$<4.00%时，V_L 随着煤阶的增高而增大（傅雪海等，2007；Wang et al.，2011）。低煤级煤 V_L 与 $R_{o,\max}$ 基本显示出正相关性，直线拟合系数（R^2）分别为 0.08（25℃）和 0.10（30℃）［图 2-4（a）］，表现出总体的正相关关系，但数据点分布较为离散，这说明低煤级阶段煤阶对 CH_4 吸附的影响有限。虽然 V_L 与 $R_{o,\max}$ 相关性较低，但 V_L 与 P_L 却呈现了相对较好的正

相关关系，并且基本符合指数函数分布，其拟合系数（R^2）分别为 0.47（25℃）和 0.93（30℃）［图 2-4（b）］。

表 2-2 朗缪尔吸附常数

编号	25℃		编号	30℃	
	V_L/（cm³/g）	P_L/MPa		V_L/（cm³/g）	P_L/MPa
HLR-1	1.13	3.00	HL^A	18.31	7.66
HLR-2	2.14	1.13	HLR-7^A	19.97	6.82
HLR-4	7.38	1.70	SB-1	20.74	4.62
HLR-5	3.20	0.58	SB-2	30.98	19.33
HLR-6	8.09	1.73	TF	13.93	4.91
TH-8^A	13.71	4.96	TH-1	9.72	1.35
TH-11^A	5.61	1.22	TH-2	8.96	1.07
WQ	7.25	2.67	TH-3	8.20	0.68
YL-1	13.77	8.79	TH-4	11.67	2.01
YL-2^A	4.90	0.93	TH-5	12.17	2.28
ZGR-1	7.34	3.11	TH-6	8.14	1.00
			TH-7	5.50	1.05
			TH-9	8.04	0.52
			TH-10	7.77	1.13
			ZGR-7	13.15	1.68
			ZGR-8	16.78	2.35
			ZGR-10	20.35	5.64

注：A 为收集的测试成果，摘自王可新（2010）；V_L 和 P_L 均在干燥无灰基（daf）条件下获得。

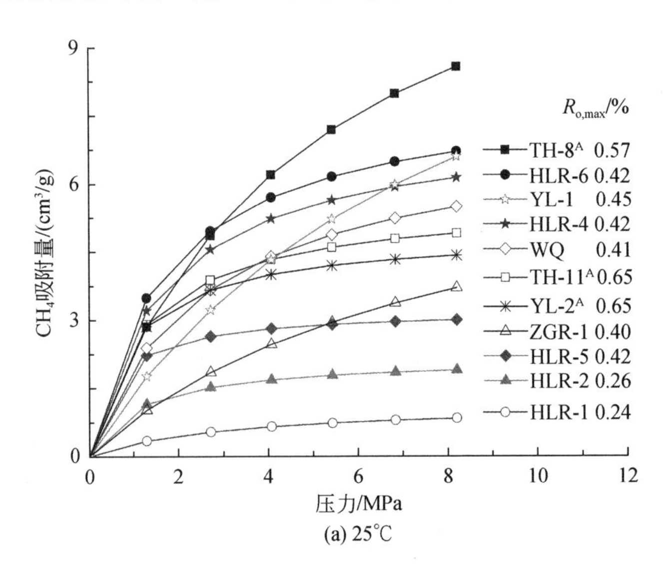

(a) 25℃

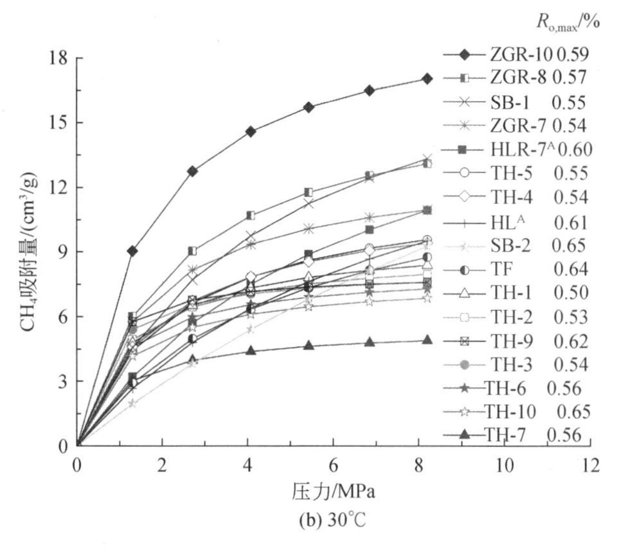

(b) 30℃

图 2-3 等温吸附线

注：A 表示收集的测试成果

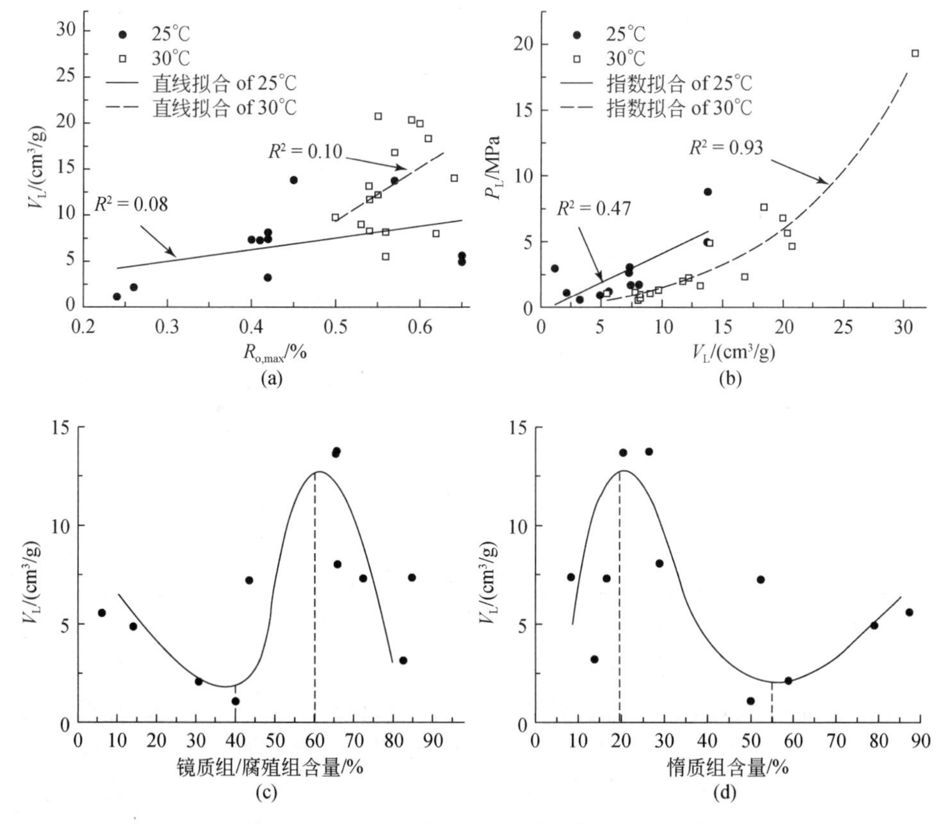

图 2-4 $R_{o,max}$、P_L、V_L、显微组分之间的关系

25℃时等温吸附实验所用煤样的显微组分含量分布范围比 30℃时［30℃时缺少低镜质组/腐殖组含量（<40%）和高惰质组含量（>60%）时的煤样］的更广，V_L（25℃）与显微组分的关系显示出“三段式”波动变化，V_L 随着镜质组/腐殖组含量增大出现先降低后升高再降低的趋势，当镜质组/腐殖组含量为 40%和 60%时分别出现波谷和波峰，而 V_L 随着惰质组含量增大的变化规律刚好与之相反，当惰质组含量为 20%和 55%时分别出现波峰和波谷图 2-4（c）和图 2-4（d）。

低煤级煤显微组分与孔结构和 CH_4 吸附密切相关，其中，壳质组/稳定组比较特殊，CH_4 能以溶解态保存在富壳质组/稳定组煤中，贫壳质组/稳定组煤以微孔吸附为主（Chalmers and Bustin，2007），但前人对镜质组/腐殖组和惰质组影响 CH_4 吸附的研究结果存在差异。Unsworth 等（1989）研究发现低阶烟煤中的惰质组比等量的镜质组/腐殖组有更多的大孔（30nm～10μm 直径）和更少的微孔（<2nm 直径），而且在相同煤阶下，富含镜质组/腐殖组煤的吸附能力强于富含惰质组的煤。许多学者赞同镜质组/腐殖组中含有较多的微孔，并具有较强的 CH_4 吸附能力（Lamberson and Bustin，1993；Faiz and Hutton，1995；Clarkson and Bustin，1996；Bustin and Clarkson，1998；Crosdale et al.，1998；Clarkson and Bustin，1999；Laxminarayana and Crosdale，2002）。但也有人认为惰质组也具有较强的吸附潜能，一般来讲，小于 100nm 的孔为吸附孔（Yao et al.，2008；Cai et al.，2013），低煤级煤的惰质组中不仅存在完整、连续的孔系统，并在 10～30nm 范围内存在更多小尺寸的孔隙（段旭琴等，2009），加上这些小尺寸的孔隙多为开放孔和半开放孔（Liu 等，2015），不难看出惰质组也具有较强的吸附性。另外，Chalmers 和 Bustin（2007）研究认为活性惰性体具有较高的微孔隙率，在低煤级阶段，暗煤（富含惰质组）可以比亮煤（富含镜质组/腐殖组）有高的吸附量。有趣的是，Wang 等（2011）发现褐煤（$R_{o,\max}$ 介于 0.24%～0.50%）CH_4 吸附的朗缪尔体积与镜质组/腐殖组含量呈现“三段式”变化，当镜质组/腐殖组含量低于 40%和高于 60%时，CH_4 吸附能力随镜质组/腐殖组含量的增加而减少，而当镜质组/腐殖组含量在 40%～60%时，CH_4 吸附能力与镜质组/腐殖组含量呈正相关关系。可能这种多段吸附规律才是低煤级煤显微组分对 CH_4 吸附影响的综合体现。

如图 2-5 所示，低煤级煤总孔容和孔比表面积随着镜质组/腐殖组和惰质组含量的增大变化较小，表现出整体平稳的趋势。大孔孔容和孔比表面积随着镜质组/腐殖组含量的增大而降低，随着惰质组含量增大而升高。中孔变化较为复杂，但仍有迹可循，中孔孔容和孔比表面积随着镜质组/腐殖组含量增大出现先略有降低后升高再降低的趋势［图 2-5（a）和图 2-5（c）］；随着惰质组含量增大，中孔孔容和孔比表面积大致有一个上升的趋势［图 2-5（b）和图 2-5（d）］。过渡孔孔容随着镜质组/腐殖组含量增大而升高，但随惰质组含量增大而降低［图 2-5（a）和图 2-5（b）］，由于过渡孔和微孔孔径相对较小，孔容的变化很难反映在比表面积上，致使过渡孔和微孔比表面积总体保持不变。另外，微孔孔容随着镜质组/腐殖组

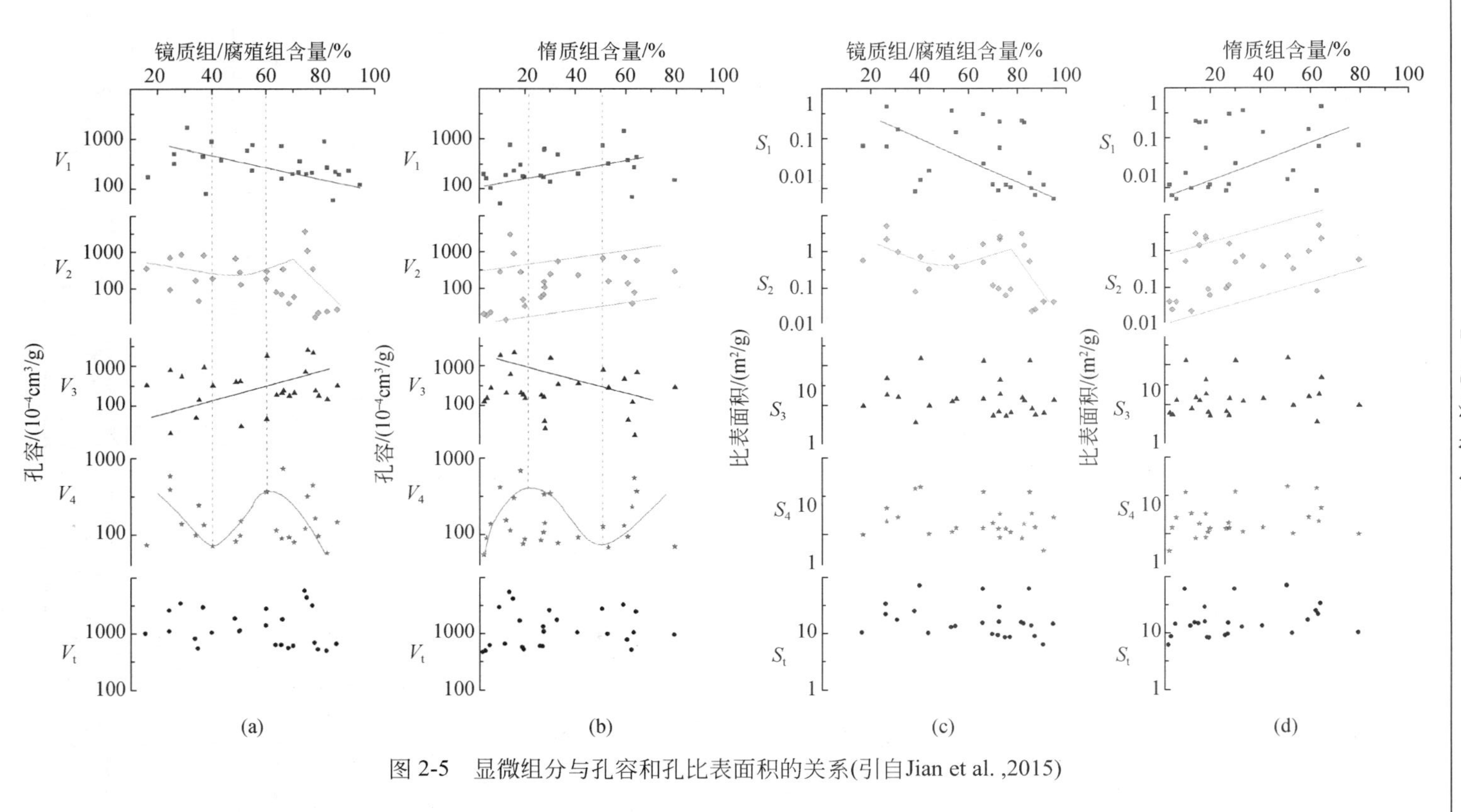

图 2-5 显微组分与孔容和孔比表面积的关系(引自Jian et al. ,2015)

和惰质组含量的增大呈现了相反的“三段式”波动变化规律，微孔孔容随着镜质组/腐殖组含量增大显示出先降低后升高再降低的趋势，在镜质组/腐殖组含量位于40%和60%时，分别出现波谷和波峰，而微孔孔容随着惰质组含量增大显示出先升高后降低再升高的趋势，在惰质组含量位于20%和50%时，分别出现波峰和波谷［图 2-5（a）和图 2-5（b）］。可以发现，微孔孔容随镜质组/腐殖组含量的变化规律与 Wang 等（2011）的研究结果有一个很好的衔接，可以理解为，微孔孔容随镜质组/腐殖组含量的变化规律与 V_L 随镜质组/腐殖组含量变化的规律一致。

V_L 随镜质组/腐殖组含量增大时，波谷和波峰出现的位置（分别为 40%和 60%）与微孔孔容随镜质组/腐殖组含量增大时波谷和波峰出现的位置（分别为 40%和60%）相吻合；V_L 与微孔孔容随惰质组含量增大时的波峰相吻合（均为 20%），波谷略有偏差。综上所述，低煤级煤中镜质组/腐殖组和惰质组对 CH_4 吸附均有影响，并非是两者谁的吸附能力更强，而是分别随着两者含量的变化呈现相反的“三段式”波动变化规律。

2.2 研究区地层与含煤地层

2.2.1 吐哈盆地大南湖

吐哈盆地是在前二叠系褶皱基底上发育的以中生界和新生界为主体的陆相沉积盆地，基底包含早石炭世火山岩、火山碎屑岩、变质岩和花岗岩。其中，侏罗系是盆内较为发育、广泛分布的一套沉积盖层，总厚约 4000m，主要为河、湖相的碎屑岩，以及河沼、湖沼的煤系建造（王昌桂等，1998），而且盆地内的聚煤作用仅发生在早、中侏罗世，这与古气候有很大的关系（王庆伟和李靖，2014）。研究区内现有完工的钻孔内见到的地层由老至新分别为侏罗系下统三工河组（J_2s）、侏罗系中统西山窑组（J_2x）、侏罗系中统头屯河组（J_2t）、新近系渐-中新统桃树园组（N_1t）、第四系（Q）（表 2-3）。

表 2-3 研究区地层简表

界	系	统	地层名称代号	岩性岩相特征	厚度/m
新生界（Kz）	第四系（Q）	全新统-上更新统（Q_{3-4}）	洪冲积（Q^{pl}_{3-4}）	在研究区大面积分布，为戈壁平原堆积，主要为冲洪积形成的砾石、砂、少量泥土，呈松散堆积，厚度较小	2.89
	新近系（N）	渐-中新统（N_1）	桃树园组（N_1t）	研究区北部出露，近水平状产出，在强氧化条件下河湖相沉积，为褐红色、紫红色、红黄色粉砂岩、粉砂质泥岩、泥岩，底部常见砾岩	165.10

续表

<table>
<tr><th>界</th><th>系</th><th colspan="2">统</th><th>地层名称代号</th><th>岩性岩相特征</th><th colspan="2">厚度/m</th></tr>
<tr><td rowspan="5">中生界（Mz）</td><td rowspan="5">侏罗系（J）</td><td rowspan="4">中统（J_2）</td><td colspan="2">头屯河组（J_2t）</td><td>以滨湖三角洲及河流沉积的干旱红色泥岩、粉砂岩、细砂岩、间夹砾岩薄层</td><td colspan="2">76.21</td></tr>
<tr><td rowspan="3">西山窑组（J_2x）</td><td>上含煤段（J_2x^3）</td><td rowspan="3">以湖沼相为主夹河流相、三角洲相沉积的灰白色浅灰色泥岩、粉砂质泥岩、泥质粉砂岩、粉砂岩夹砂岩、煤层，底部常见砾岩</td><td rowspan="3">504.58</td><td>126.22</td></tr>
<tr><td>中含煤段（J_2x^2）</td><td>448.43</td></tr>
<tr><td>下含煤段（J_2x^1）</td><td>62.18</td></tr>
<tr><td>下统（J_1）</td><td colspan="2">三工河组（J_1s）</td><td>以冲洪积和河流相的灰色、深灰色砾岩、中粗砂岩夹粉砂岩、泥岩等组成</td><td colspan="2">>29.03</td></tr>
</table>

下侏罗统三工河组（J_1s）：本组岩性比较稳定，上部为灰绿色泥岩、砂质泥岩，局部夹薄层泥灰岩，页理发育，下部为浅灰色砂岩及含砾砂岩，而且F_1断层以南本组是缺失的。

中侏罗统西山窑组（J_2x）：本组是本书褐煤采样的层位，也是煤层主要发育的层组，其岩性为滨湖相-泥炭沼泽相沉积的泥岩、砂质泥岩、细砂岩、粗粒砂岩、砾岩、碳质泥岩和煤层。本组地层平均厚度为 504.58m，区域上厚度变化较大，总体上呈现北厚南薄的特征，相应的含煤地层具有北深南浅的特点。本组可以分为 3 段，分别为下含煤段（J_2x^1）、中含煤段（J_2x^2）和上含煤段（J_2x^3），对应的地层平均厚度分别为 62.18m、448.43m 和 126.22m。这 3 个含煤层段各具特点，分述如下。

1）下含煤段（J_2x^1）：本段岩性为灰色、灰绿色、深灰色砾岩、粗粒砂岩、细砂岩、砂质泥岩，以及菱铁质条带或透镜体。地层厚度为 15.40～111.19 m，含不稳定薄煤 0～4 层，与下伏地层侏罗系三工河组呈整合接触或超覆古生界（石炭系）地层之上。

2）中含煤段（J_2x^2）：本段岩性为灰色、浅灰色、深灰色泥岩、砂质泥岩、粉砂岩、细砂岩、中砂岩、粗砂岩、砾岩、碳质泥岩及煤层不均匀互层。菱铁质结核在该段普遍发育，钙质及黄铁矿星点或聚合体局部发育，并且在该段的顶部含有少量的铁化木及石膏饼。该段是主要的含煤层段，层位之间相对稳定，关系明朗，具有较好的连续性，含有 18 层编号的煤层，平均煤层总厚约为 22.55m，其中可采煤层为 8 层。

3）上含煤段（J_2x^3）：本段风化剥蚀较为严重。本段下部为灰绿色泥岩、粉砂岩、砾岩互层，夹碳质泥岩及不稳定的薄煤层；上部为土黄、褐黄色泥岩、粉砂岩、砂岩互层。较为完整粗大的硅化木、植物根茎叶化石和细小的钙化木化石分别赋存在本段的顶部、中部和底部。局部发育极不稳定的煤层。

中侏罗统头屯河组（J_2t）：本组厚度为 2.81～147.63m，与下伏地层西山窑组呈整合接触。该组上部为土黄色、紫红色砂砾岩、砾岩，以及含砾细砂岩、泥岩、粉砂岩互层，下部为杂色泥岩与泥质粉砂岩互层，其底部为杂色泥岩夹泥灰岩透镜体。

新近系渐-中新统桃树园组（N_1t）：本组地层厚度为 52.24～341.10m，仅在井田的北部边界发育。岩性为砖红色、褐黄色砂质泥岩及粉砂岩夹中细粒砂岩。

第四系（Q）：第四系广泛分布于研究区的北部、南部和东部，为冲积、洪积、风积层及盐碱沼泽沉积层。岩性主要为黄土、砂质黏土、砾石、细砂、砂砾层、风成砂土、盐碱砂质黏土，与下伏地层呈超覆不整合接触，钻孔控制地层厚度为 0.40～7.50m。

2.2.2 阜康矿区大黄山

阜康矿区地处准噶尔盆地南缘，矿区地层涉及古生界、中生界和新生界，从老至新分别是二叠系、三叠系、侏罗系、新近系和第四系（图 2-6），而且矿区广泛出露侏罗系地层，三叠系地层在矿区东部出露较多。按照从老至新的顺序，将阜康矿区的地层和含煤地层分述如下。

二叠系下统下芨芨槽子群（P_1jja）：岩性主要为正常碎屑岩建造，包括灰绿色、灰白色-深灰色石英砂岩、长石岩屑砂岩、粉砂岩、细砂岩等。特别是局部有反映滨浅海环境的浅红色泥质岩层。

三叠系上统郝家沟组（T_3h）：本组厚度为 0～478m，主要由湖相沉积灰、深灰、灰绿、灰黄色泥岩、粉砂岩构成，其顶部夹杂碳质泥岩和薄煤线。本组地层岩性稳定，厚度变化较小，与上覆八道湾组（J_1b）为不整合接触。

侏罗系下统八道湾组（J_1b）：本组是主要的含煤地层，本书的长焰煤就采自大黄山八道湾组，该组在大黄山主要以中-细砂岩、粉砂岩、碳质泥岩和煤层为主（图 2-6）。从总体来看，岩性主要由砾岩、黑质泥岩、泥质粉砂岩、细砂岩和煤层所组成，沉积环境的改变导致本组由下至上呈现出不同的相变模式，由底部以湖泊-沼泽相沉积为主的模式逐渐向上演变为伴有河流相的含煤粗粒碎屑岩建造的模式。本组地层厚为 480～1379.42m，含煤层 27 层，其中，编号煤层 15 层，煤层平均总厚 68.48m，含煤系数为 6.7%。该组地层与下伏三叠系上统郝家沟组（T_3h）呈平行不整合接触，与上覆三工河组（J_1s）为整合接触，可分为 3 个亚段，分别是第一亚段（J_1b^{1-1}）、第二亚段（J_1b^{1-2}）和第三亚段（J_1b^{1-3}）。现将分述如下。

1）第一亚段（J_1b^{1-1}）：本段是阜康矿区主要的含煤段，主要分布于矿区的北部，地层厚度为 160.63～544.78m，平均 280.96m。本段含 7 层煤，含煤系数为 17.9%，总体上岩性以湖沼相沉积的灰-灰黑色的粉砂岩、细砂岩和煤层为主。

2）第二亚段（J_1b^{1-2}）：本段地层厚度为 160～385.30m，平均 280.69m，位于第一亚段（J_1b^{1-1}）之上，虽然也含有 7 层煤，但其含煤性明显变差，含煤系数为

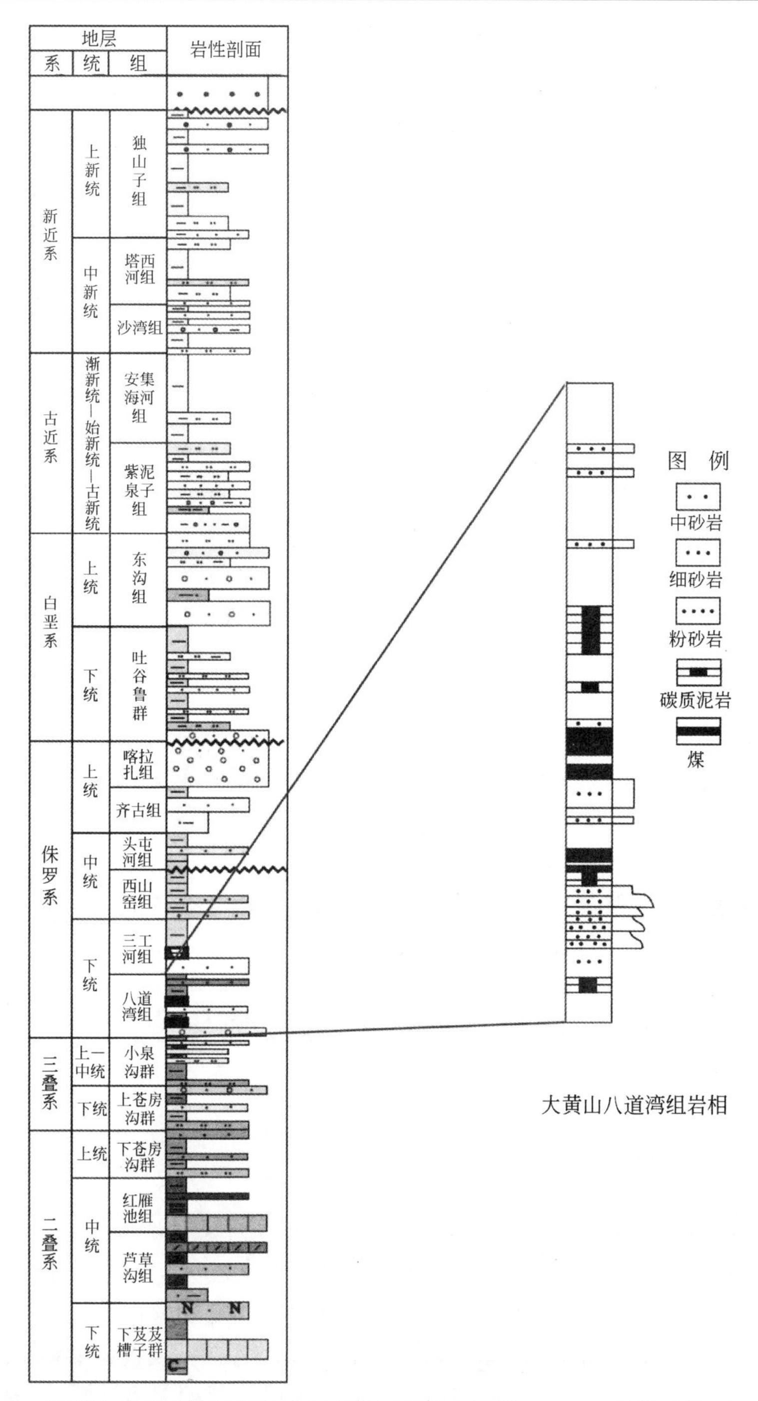

图 2-6 准噶尔盆地南缘地层综合示意图（据魏东涛等，2010；周继兵等，2005）

2.58%。本段在矿区中部主要以条带状分布，岩性以砂砾岩，粗、细和粉砂岩为主，总体体现出河流相沉积。

3）第三亚段（J_1b^{1-3}）：本段位于侏罗系八道湾组上部，地层厚度为 175.12～463.09 m，岩性为灰-深灰色的砂砾岩、粉砂岩、细砂岩和煤层，主要为湖沼相沉积，并伴有河流相沉积，含有煤层 13 层，含煤性与第二亚段（J_1b^{1-2}）相当，含煤系数为 2.91%。

下侏罗统三工河组（J_1s）：本组为一套以湖泊相为主夹河流相沉积的碎屑岩建造，基本不含煤层，岩性为泥岩、粉砂岩、中-粗粒砂岩、砂砾岩，厚 140～352m。

中侏罗统西山窑组（J_2x）：本组为一套在滨湖三角洲相环境中形成的泥炭沼泽相、河流相、覆水沼泽相的含煤碎屑沉积，可划分为上、下两个岩性段，西山窑组下段（J_2x^1）主要由河流相、沼泽相的灰色、灰黑色粉砂岩、细砂岩、泥岩，以及灰白色中、粗粒砂岩、砂砾岩组成，西山窑组上段（J_2x^2）主要以湖泊相、沼泽相，以及局部河流相的灰色、灰黑色、深灰色粉砂岩、细砂岩、泥岩、碳质泥岩、煤层组成。其地层平均厚度为 724.95 m，含煤系数为 13.4%。

中侏罗统头屯河组（J_2t）：本组地层位于矿区西部，为一套以河流相、湖泊相为主的碎屑沉积，岩性为灰色、灰黄、灰紫色粗砂岩、中砂岩、细砂岩、砂砾岩、砾岩与泥质粉砂岩互层，与西山窑组（J_2x）地层分界，地层厚度一般为 580 m。

中新统—上新统昌吉河群（Nch）：本组超覆在中生界之上，地层呈褐红色，以厚层的泥质胶结的砾岩厚层状的砂质泥岩为主。地层总厚 345.5m。

第四系（Q_4）：第四系上更新统的风区积层形成黄土层，其下存有上更新统洪积层，洪积层由灰色、黄灰色的砾石层或砂砾层构成，未胶结，分选性及磨圆度较差。全新统冲洪积层分布于矿区内的河漫滩和现代沟谷之中，由砾石、砂、沉积岩碎块等混杂堆积而成。

2.3 研究区煤岩组分及煤化程度

2.3.1 吐哈盆地大南湖

侏罗系中统西山窑组中含煤段（J_2x^2）是大南湖地区主要的含煤层段，该层段中由上到下的 16 煤、18 煤、19 煤、20 煤、21 煤、22 煤、23 煤、24 煤和 25 煤为基本可采煤层，煤体以暗煤为主，半暗煤次之，亮煤和丝炭含量较少，整体光泽暗淡，多呈弱沥青和沥青光泽，划痕为褐黑色，具有贝壳状和平坦状断口。基于此，针对上述主要煤层进行大湖南地区煤的组成及其相关化学性质分析。

由表 2-4 可知，大南湖煤腐殖组最大反射率（$R_{o,max}$）普遍较小，由 16 煤至 25 煤，$R_{o,max}$ 介于 0.33%～0.36%，平均为 0.35%，处在成岩作用阶段。有机显微组分中，惰质组平均含量最高（49.75%），腐殖组次之（39.79%），稳定组最小（7.85%）。腐殖组以碎屑腐殖体中的细屑体及结构腐殖体中的木质结构体、腐木质体为主；稳定组中呈现小孢子体和一些薄壁的角质体分布。煤岩中的无机组分由黏土类、碳酸盐、硫化物和氧化物构成，平均含量分别为 2.3%、0.9%、0.63%和 1.04%（表 2-4）；总体含量较低，均在 1%左右。

表 2-4 大南湖主要煤层显微组分及腐殖组反射率测定结果

煤层编号	有机组分/%			无机组分/%				$R_{o,max}$/%
	腐殖组	惰质组	稳定组	黏土类	碳酸盐	硫化物	氧化物	
16	30.10	63.65	4.40	2.30	微量	0.70	0.70	0.34
18	41.90	44.55	10.45	3.60	0.90	0	1.70	0.34
19	45.85	42.70	8.35	2.05	0	微量	1.05	0.35
20	43.33	46.58	7.95	1.93	微量	微量	1.45	0.36
21	47.05	36.95	10.85	4.20	0	微量	1.00	0.33
22	27.73	64.10	6.27	1.50	0	微量	0.93	0.35
23	42.33	47.70	7.70	1.95	0	0.50	0.86	0.35
24	38.26	52.30	7.84	1.12	0	0.70	0.57	0.35
25	41.59	49.24	6.83	2.03	微量	微量	1.10	0.34
平均值	39.79	49.75	7.85	2.30	0.90	0.63	1.04	0.35

注：表中各煤层的有机组分和无机组分均为平均值，引自王立胜等（2011）。

由顶部的 16 煤至底部的 25 煤，原煤的水分（M_{ad}）介于 10.60%～12.48%，平均为 11.30%；灰分产率（A_d）介于 10.74%～17.14%，平均为 14.65%；挥发分产率（V_{daf}）介于 38.19%～42.60%，平均为 40.82；全硫含量（$S_{t,d}$）介于 0.17%～0.53%，平均为 0.26%（表 2-5）。可见煤层水分稳定、中等，尤其为低煤级煤中产甲烷菌的繁殖提供了必要的条件，煤属于中低灰分、高挥发分和低硫煤。其中，灰分和全硫含量在煤层中的分布在一定程度上反映了该地区泥炭沼泽环境的改变。煤中的硫主要有硫化物、有机硫和硫酸盐三种赋存形式，可作为古盐度的指标（杨起等，1987），大南湖煤层中的硫含量较低，总体反映出煤层形成时偏向淡水的沼泽环境，这是由于淡水沼泽多呈现酸性（pH<4），硫还原菌的活动受限，造成淡水泥炭中的硫化氢、黄铁矿等含量较少，而且溶解的硫酸盐含量比起海水更是偏低（约为 1/200），因此，导致淡水中全硫含量较低。武法东（1990）的研究表明，影响硫含量的主要因素是硫酸盐含量和 pH。较高 pH 的生化环境（一般是 pH=6.5～8）更有利于硫还原菌活动，能将硫酸盐还原为 H_2S，继而 H_2S 与铁矿物或铁离子进一步反应生成黄铁矿。pH 与全硫含量具有正相关性，pH 越高，越能够加速植物残体的分解，使得无机物不断积累，煤中灰分也就随之增大（王

爱宽，2010）。可见，全硫含量应与灰分产率具有一定的相关性。

表 2-5　大南湖主要煤层工业分析、全硫含量（$S_{t,d}$）和元素分析结果

煤层编号	M_{ad} /%	A_d /%	V_{daf} /%	$S_{t,d}$ /%	C_{daf} /%	H_{daf} /%	N_{daf} /%	O_{daf} /%
16	11.42	15.52	40.24	0.53	74.15	4.77	0.89	19.87
18	10.83	14.67	41.55	0.28	74.29	4.87	0.93	19.64
19	10.85	16.47	42.03	0.28	74.35	5.07	0.95	19.34
20	10.80	13.10	40.95	0.21	74.60	4.56	1.08	19.34
21	10.60	17.14	42.60	0.26	74.04	5.11	0.95	19.64
22	12.48	10.74	38.19	0.21	75.22	4.54	0.84	19.06
23	11.70	14.21	40.59	0.23	74.84	4.98	1.07	18.87
24	11.61	14.14	40.43	0.18	74.91	4.86	1.05	18.92
25	11.30	15.91	40.79	0.17	74.76	4.88	0.99	19.20
平均值	11.29	14.66	40.82	0.26	74.57	4.85	0.97	19.32

注：各煤层的工业分析、全硫含量（$S_{t,d}$）和元素分析均为平均值，引自王立胜等（2011）。

如图 2-7 所示，16 煤～25 煤全硫含量和灰分产率均呈现总体下降的趋势。这表明，沼泽水体的生化环境逐渐由氧化性向还原性转变，覆水深度加大，更有利于硫还原菌的生存和活动，使得全硫含量不断增大，因此，先沉积的 25 煤的全硫含量是最小的，逐渐到顶部的 16 煤则最大。另外，煤中的碳、氢、氮和氧四大主要元素在大南湖各主采煤层展现出一定的规律性分布。各主要煤层碳元素含量平均为 74.57%；氧元素次之，平均为 19.32%；氢元素平均为 4.85%；氮元素最少，

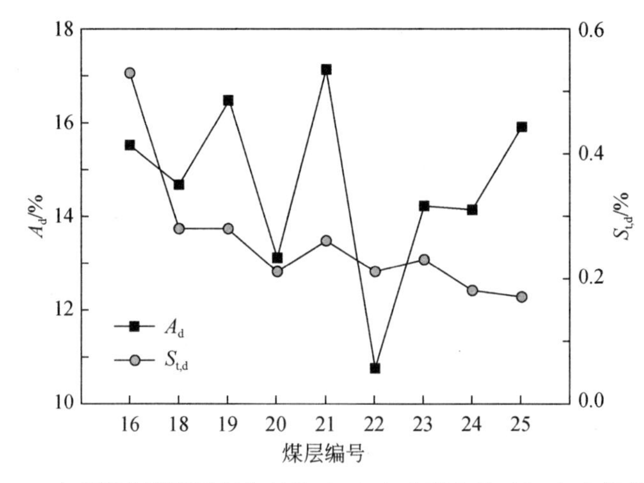

图 2-7　大南湖主要煤层灰分产率（A_d）与全硫含量（$S_{t,d}$）之间的关系

平均为 0.97%（表 2-5）。由主要煤层的顶部到底部碳元素含量有增大趋势，而氧元素含量有明显降低的趋势；相比之下，氢和氮元素均总体保持平稳，具有一定的波动性（图 2-8）。由 16 煤～25 煤，H/C 值平均为 0.78，有富碳和快速脱氧腐殖型（III型）有机质热演化的趋势。

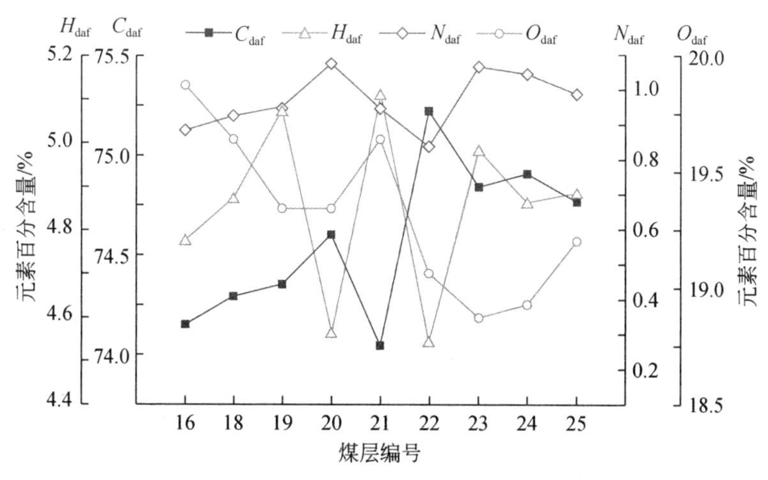

图 2-8 大南湖主要煤层元素百分含量变化规律图

另外，煤灰的主要成分是 SiO_2、Al_2O_3 和 CaO，其平均含量分别为 40.62%、19.30%和 19.26%（表 2-6）。可见黏土矿物是煤层的主要矿物成分，而且具有硅质和偏酸性的特征。大南湖煤层中 Fe_2O_3 含量较低，平均仅为 5.76%。在咸水、半咸水环境中 Fe 含量一般较高，而淡水环境则有利于 Si 和 Al 的形成，这是由于在咸水、半咸水环境中（pH=6.5～8）SiO_2 沉淀受到限制（武法东，1990），这些都表明大南湖煤层形成时的环境是偏淡水的沉积环境。

表 2-6 主要煤层灰成分含量统计结果

煤层编号	SiO_2 /%	Al_2O_3 /%	Fe_2O_3 /%	CaO /%	MgO /%	TiO_2 /%	SO_3 /%	K_2O /%	Na_2O /%
16	47.22	22.01	5.90	9.70	3.93	1.02	4.64	1.00	3.92
18	36.20	19.02	6.14	19.96	5.30	0.86	5.42	0.91	3.85
19	42.24	20.41	6.34	15.76	4.24	1.07	4.20	1.02	3.02
20	39.16	18.63	5.43	21.19	4.77	0.93	3.87	0.88	3.15
21	45.12	20.00	5.23	16.89	3.89	1.04	2.73	0.88	2.65
22	31.11	17.03	4.97	30.41	6.83	0.69	3.30	0.57	4.34
23	38.71	17.35	6.21	22.07	5.03	0.95	4.07	0.81	3.37
24	43.35	18.56	5.69	19.45	4.67	0.97	2.10	0.84	2.93
25	42.47	20.73	5.89	17.92	4.42	1.01	2.78	0.87	2.99
平均值	40.62	19.30	5.76	19.26	4.79	0.95	3.68	0.86	3.36

注：表中煤层各煤灰含量均为平均值，引自王立胜等（2011）。

大南湖煤层中 SO_3 平均仅为 3.68%，淡水环境大多偏酸性，不利于煤中硫含量的积累。煤灰在主要煤层的垂向分布具有一定的规律性，如图 2-9 所示，由 16 煤～25 煤，垂向上，SiO_2、Al_2O_3、TiO_2 和 K_2O 具有基本相同的折叠趋势，相互之间具有正相关性，而 CaO、MgO 和 Na_2O 具有大致相同的折叠趋势，刚好与 SiO_2、Al_2O_3、TiO_2 和 K_2O 的折叠趋势呈镜像关系，两个类别之间具有负相关性，可见这两类组分形成的环境介质条件是不同的。

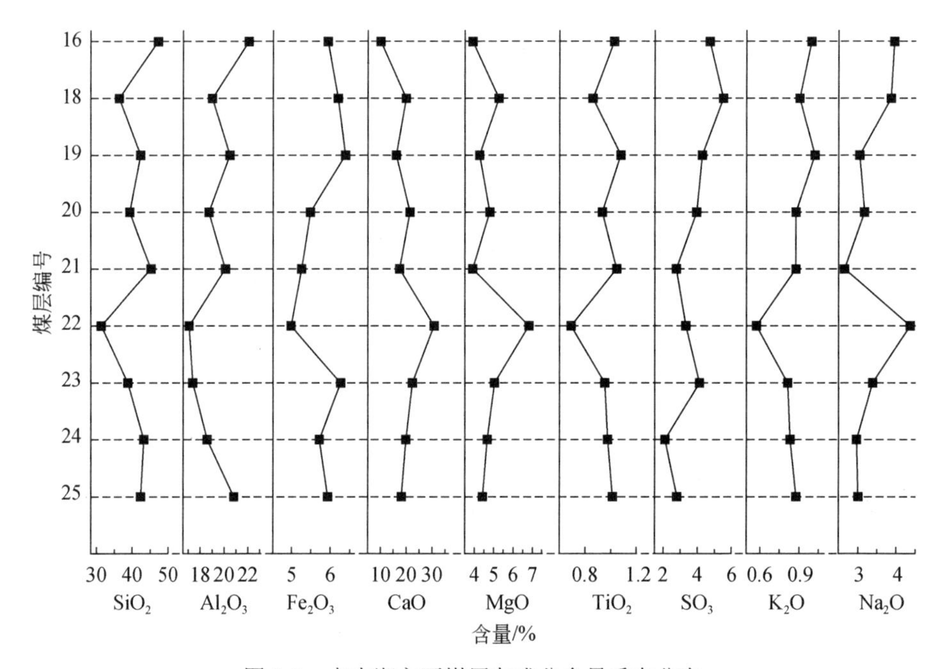

图 2-9 大南湖主要煤层灰成分含量垂向分布

2.3.2 阜康矿区

阜康矿区八道湾组各煤层煤岩组成均以亮煤为主，丝炭及暗煤次之，其有机组分平均为 71.3%～96.0%；有机组分中以镜质体为主，惰质体次之，伴有少量的半镜质体和壳质体，三类的组分依次为 27.6%～68.7%、6.8%～43.4%和 0%～18.0%。无机组分平均为 3.7%～6.7%，含量很少。这些无机组分主要以黏土类矿物为主，其含量介于 2.1%～5.7%；碳酸盐类也占有一定的比例，其含量介于 0.5%～2.6%，而其他无机组分含量极微。

八道湾组原煤的水分（M_{ad}）介于 0.94%～4.45%，属于低水分煤，但各煤层水分含量差异较大；灰分产率（A_d）介于 6.02%～35.61%，变化范围较大，不稳定，属于低灰-中灰分煤；挥发分产率（V_{daf}）介于 31.02%～47.95%，相对于水分和灰分来说比较稳定，属于中-高挥发分煤。

八道湾组各煤层原煤碳元素含量变化不大，平均为 80.66%～84.80%；氢元素含量平均介于 4.78%～6.03%；氮元素含量平均介于 1.51%～1.94%；氧加硫含量平均介于 8.69%～11.68%。

2.4 实验样品的基本特征

2.4.1 煤岩煤质

褐煤取自吐哈盆地哈密大南湖煤矿西山窑组，煤样编号分别为 H1、H2 和 H3。长焰煤取自阜康矿区大黄山七号井八道湾组，煤样编号为 CY。如表 2-7 所示，3 个褐煤样的腐殖组反射率（$R_{o,max}$）介于 0.33%～0.35%；长焰煤镜质组反射率（$R_{o,max}$）为 0.53%，4 件煤样均处在未熟-低熟阶段。

表 2-7 煤样显微组分和工业分析测试结果

样品编号	$R_{o,max}$/%	有机显微组分（去矿物基%）			黏土矿物/%	工业分析/%		
		腐殖组/镜质组	惰质组	稳定组/壳质组		M_{ad}	A_{ad}	V_{daf}
H1	0.34	67.3	18.8	14.0	13.4	6.57	6.66	46.30
H2	0.33	67.1	19.3	13.4	17.0	7.08	20.27	46.27
H3	0.35	63.4	16.8	19.9	11.0	7.74	12.78	41.86
CY	0.53	62.2	21.6	16.3	5.0	1.42	4.58	33.21

煤岩显微组分鉴定结果表明，H1 和 H2 显微组分组成相当，腐殖组是主要的有机显微成分，占 67%左右，惰质组次之，稳定组/壳质组所占比例较小，而 H3 和 CY 显微组分组成相当，腐殖组/镜质组是主要的有机显微成分，占 62%左右，惰质组和稳定组/壳质组组成均相差不大（表 2-7）。由于显微组分组成不同可能会影响微生物降解生气的能力。王爱宽（2010）的研究表明，腐殖组抗微生物降解的能力最低，微生物降解煤样生气的第一个周期就是降解煤中的腐殖组，其次才是惰质组和稳定组。这可能与腐殖组中的细屑体和密屑体有关，两者由于均是高度凝胶化的产物，因而抗微生物降解的能力较弱，易生成生物气。惰质组具有高度缩合的芳香稠环结构，稳定组中类脂化合物结构稳定，所以两者不易被微生物降解。值得提及的是，稳定组中的木栓质体由于含有较多的木质素和纤维成分而使得微生物较易降解。可见，煤样有机显微组分组成对生物气的形成有重要作用，是不可忽视的一个地质因素。

此外，煤样中含有较多的黏土矿物，H1、H2 和 H3 中黏土矿物的百分含量分别为 13.4%、17.0%和 11.0%，CY 为 5.0%（表 2-7），可见褐煤中黏土矿物比例较高，明显高于长焰煤。值得注意的是，黏土矿物的催化作用对低煤化阶段煤层气形成，尤其是对生物-热催化过渡带气（成气源岩 R_o 介于 0.3%～0.6%）的形成有着重要的影响（徐永昌等，1990，1994；刘文汇等，1996；吴艳艳，2011；马向贤等，2014）。徐永昌等（1990，1994）研究认为，天然气的形成演化是“多源复合、多阶连续”，并提出了生物-热催化过渡带气，其中，黏土矿物（尤其是蒙脱石）的酸催化（即正碳离子机理）对于过渡带气在低温低压状态下的形成有加速作用。刘文汇等（1996）也认为在较为活跃的黏土矿物催化作用下，可溶有机质和极性组分可借助于正碳离子方式脱侧链基团，以及富芳环不溶有机质的缩聚形成小分子的烃类气体。不仅如此，马向贤等（2014）针对褐煤样品的热模拟实验研究证实，在中低温阶段，含铁矿物对褐煤生烃具有吸附-催化作用。由此可知，低煤级煤中黏土矿物的含量和组成对低煤阶煤层气的生成有着至关重要的作用。

低煤级煤一般挥发分产率较高，由表 2-7 所示的工业分析结果可知，H1、H2、H3 和 CY 中挥发分分别占 46.30%、46.27%、41.86%和 33.21%，除此之外，褐煤样品的灰分产率相对较高，H2 和 H3 灰分产率在 10%以上，其水分在 7%左右，均高于长焰煤样品的灰分和水分。煤样硫组分分析和元素分析结果见表 2-8，在空气干燥基条件下分别测试煤样的硫酸盐硫（$S_{s,\ ad}$）、硫化铁硫（$S_{p,\ ad}$）、有机硫（$S_{o,\ ad}$）和全硫（$S_{t,\ d}$）的百分含量，结果显示不论是褐煤还是长焰煤，其硫含量均较微弱，可以看出煤层形成时偏淡水的沉积环境，其中，有机硫所占的比例很高，说明在成煤过程中经历了较为强烈的凝胶化作用。此外，褐煤的固定碳（FC_{ad}）和碳元素（C_{ad}）含量较低，并均低于长焰煤。所有样品氢含量相对较高，在 4%左右，具有较大的生烃潜力，而氮元素含量均在 1%以下（表 2-8）。

表 2-8 煤样硫组分分析和元素分析结果

样品编号	$R_{o,\ max}$ /%	$S_{s,\ ad}$ /%	$S_{p,\ ad}$ /%	$S_{o,\ ad}$ /%	$S_{t,\ d}$ /%	FC_{ad} /%	C_{ad} /%	H_{ad} /%	N_{ad} /%
H1	0.34	0.01	0.16	0.22	0.38	41.10	56.24	4.15	0.74
H2	0.33	0.00	0.10	0.17	0.27	39.04	52.66	3.82	0.69
H3	0.35	0.00	0.07	—	—	46.21	58.19	3.75	0.87
CY	0.53	0.01	0.18	0.23	0.42	67.78	79.57	4.58	0.94

注：H_{ad}-氢元素；N_{ad}-氮元素。

2.4.2 元素、矿物组成

借助于扫描电镜（SEM）可以清晰、直观地观察煤体表面形貌、破碎形态和孔隙构成的特征。本书采用中国矿业大学现代分析与计算中心 Quanta 250 扫描电镜和能谱（SEM-EDX）进行分析煤样的孔隙和元素组成特征。实验之前，煤样表面需要进行喷金处理，用来增加煤样的导电性能。H1-b、H2-a、H3-c 和 CY-a SEM-EDX 的分析结果如图 2-10 所示，4 件煤样均含有 Ca、Na、Mg、Al、Si 这五种元素，表明低煤级煤中含有较多的黏土矿物，其中，H3-c 的能谱检测到 Fe 元素的存在，可能煤中存在含铁矿物。

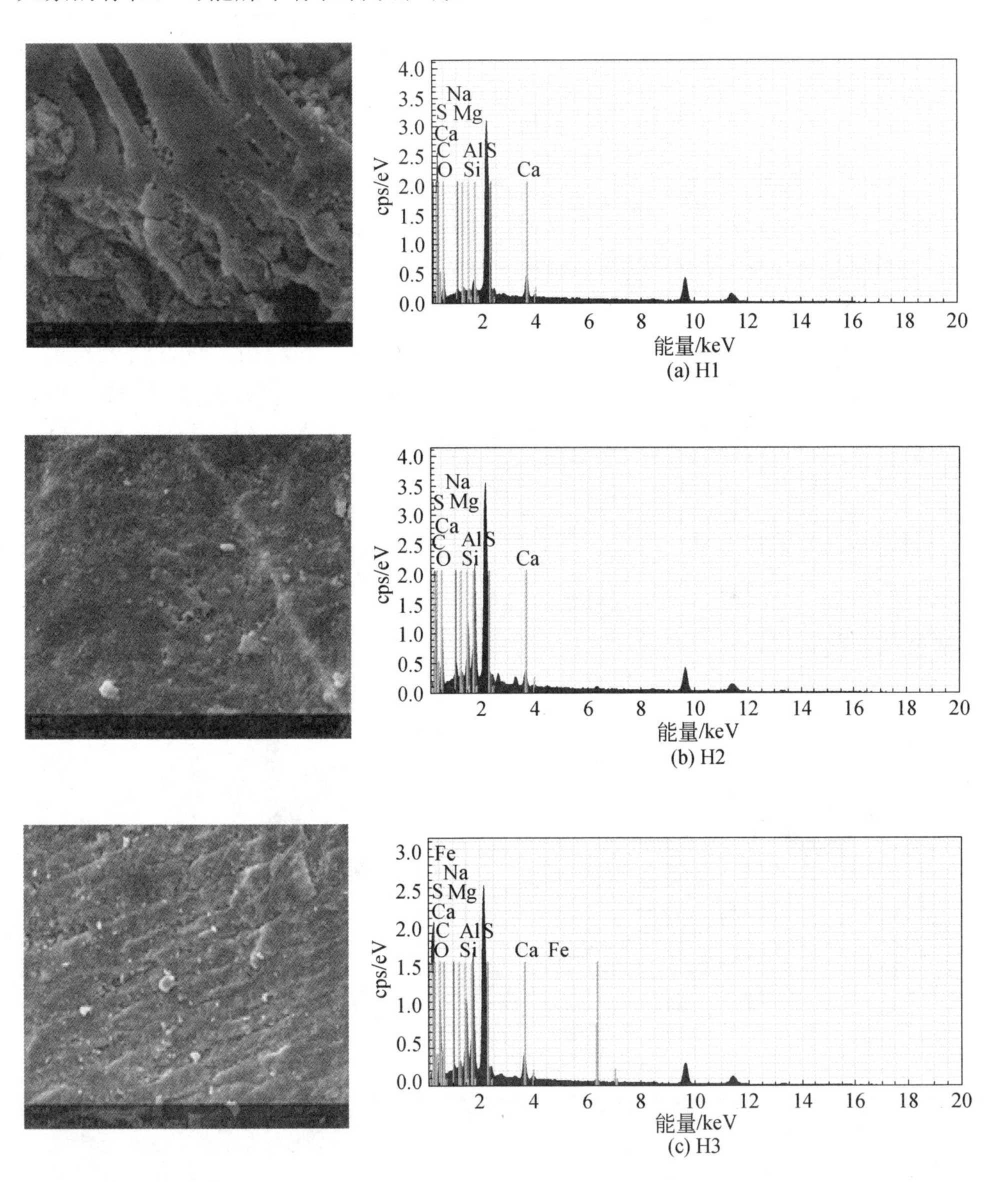

(a) H1

(b) H2

(c) H3

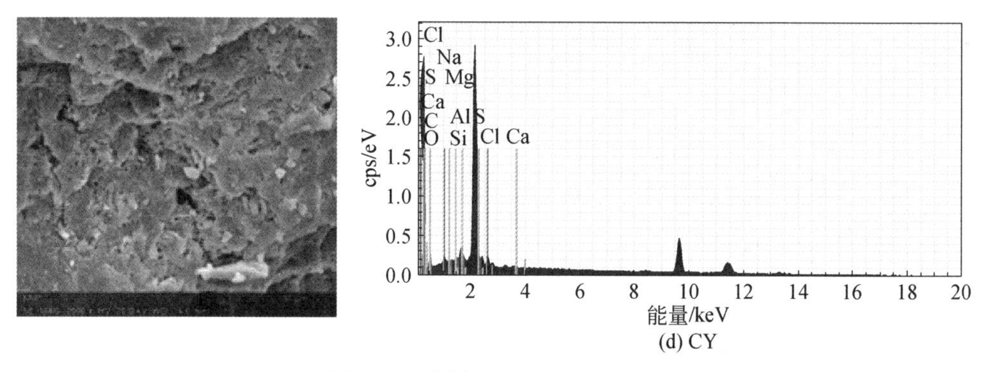

(d) CY

图 2-10　煤样的 SEM-EDX 分析

煤中常见的矿物有黏土类、碳酸盐类、硫酸盐类、氧化硅、硫化物等，煤中矿物成因一般可分为两种，一是在成煤早期由地表水带入的同生矿物；二是在煤化作用和煤变形过程中形成的后生矿物。同生矿物往往与煤岩有机部分融合紧密，而后生矿物经常出现在裂隙和胞腔孔中。本书矿物分析采用中国矿业大学现代分析与计算中心德国 Bruker 公司生产的 D8 Advance 型 X 射线衍射仪，结果表明，褐煤样品中含有较多的黏土类矿物高岭石（Kaolinite，$Al_4[Si_4O_{10}](OH)_8$）和石英（Quart，SiO_2），并检出斜绿泥石（Clinochlore，$(Mg, Fe)_{4.75}Al_{1.25}[Al_{1.25}Si_{2.75}O_{10}](OH)_8$）、珍珠陶土（Nacrite，$Al_4[Si_4O_{10}](OH)_8$）和含水的铁镁磷酸盐类矿物蓝铁矿（Baricite，$(Mg, Fe)_3(PO4)_2\cdot(H_2O)_8$）的踪迹；本次长焰煤中含有较多的碳酸盐类矿物白云石（Dolomite，$CaMg(CO_3)_2$），并检出含锌白云石（Minrecordite，$CaZn(CO_3)_2$）、铁白云石（Ankerite，$Ca(Fe, Mg)(CO_3)_2$）和高岭石的存在（图 2-11）。

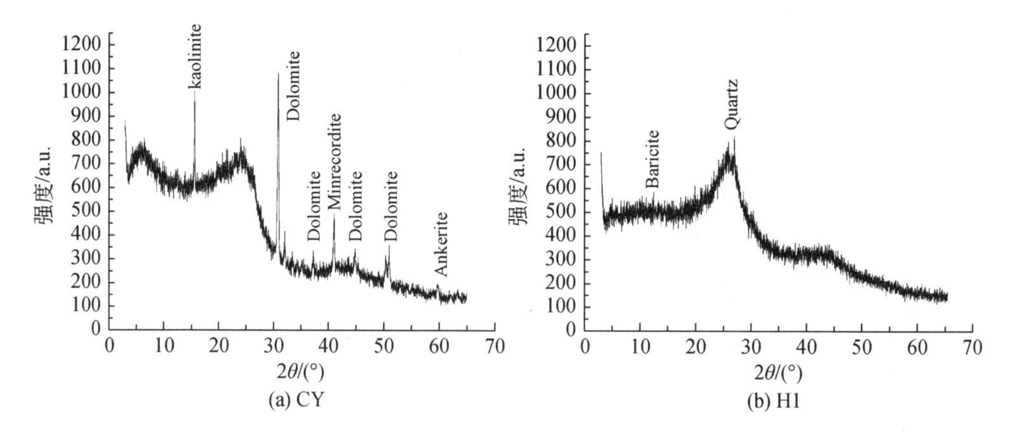

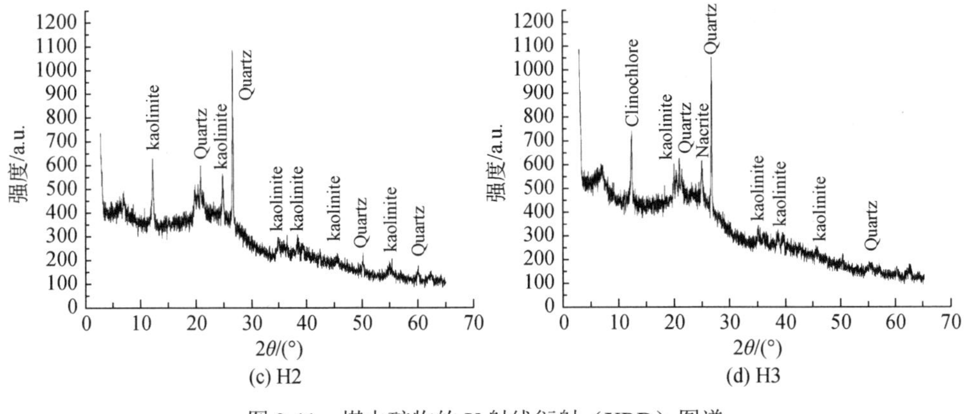

图 2-11 煤中矿物的 X 射线衍射（XRD）图谱

2.4.3 孔隙结构

煤样的压汞实验采用美国麦克公司 AutoPore Ⅳ 9510 型全自动压汞仪，其压力范围为 0.1～60000 psia（即最大压力为 414MPa），测量孔径的下限为 3.0nm。本书采用 Ходот（1961）对煤孔径结构的划分方案：大孔（Φ>1000nm）、中孔（100nm<Φ<1000nm）、过渡孔（10nm<Φ<100nm）、微孔（Φ<10nm）。这也是应用较为广泛的十进制分类机制。

低煤级煤由于存在有别于中、高阶煤的孔隙结构，其孔隙形态也具有独特性。如图 2-12 所示，4 件煤样进、退汞曲线存在“滞后环”，即存在进、退汞的体积差（压力差）。一般来讲，开放孔存在压汞“滞后环”，而半封闭孔由于其进、退汞压力相等而不具备压汞“滞后环”（傅雪海等，2007）。4 件煤样中，H1、H2 和 H3 的“滞后环”相对宽大，尤其是 H1 的退汞曲线上凸比较明显，说明这 3 个煤样的开放孔较为发育，孔隙的连通性较好；而 CY 虽然也存在“滞后环”，但相对于褐煤较为狭窄。退汞曲线呈现比较明显的下凹状，表明其中包括一定比例的半封闭孔。如图 2-13 所示，CY、H2、H3 和 H1 退汞饱和度依次增大，退汞率不断降低。这可能与低煤级煤复杂的孔隙形态有关，段旭琴等（2009）曾通过对手选低煤级煤（$R_{o,max}$=0.58%）镜质组和惰质组进行压汞法和 N_2 吸附法孔隙分析，结果显示惰质组中存在完整、连续的孔系统，孔隙形态均匀，以不透气孔和透气孔为主，尤其在 10～30nm 范围内，惰质组中存在更多小尺寸的孔隙；镜质组的孔隙形态复杂，分别存在不透气孔、透气孔、墨水瓶状孔。总的来说，实验煤样中具有相当数量的开放孔和半封闭孔，且孔隙形态构成复杂。

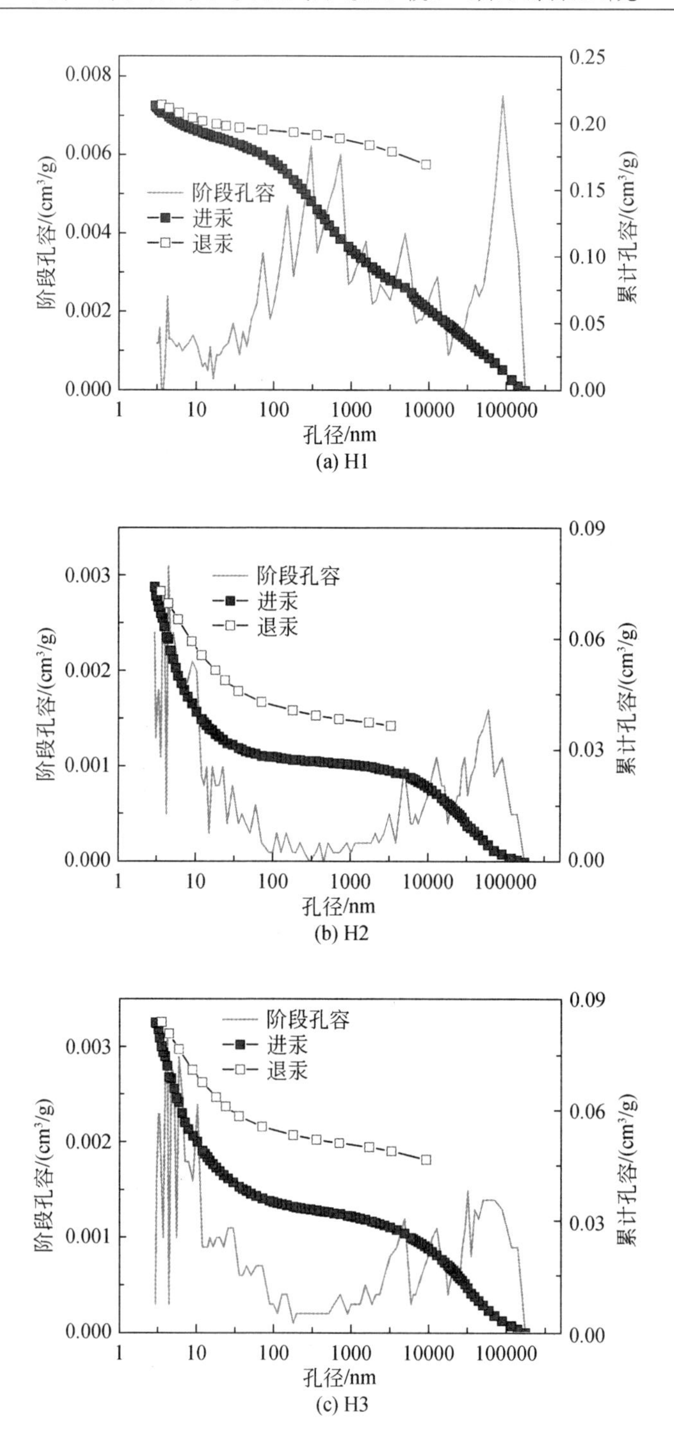

0.008
0.006
0.004
0.002
0.000
阶段孔容/(cm³/g)
0.25
0.20
0.15
0.10
0.05
0.00
累计孔容/(cm³/g)
阶段孔容
进汞
退汞
1
10
100
1000
10000
100000
孔径/nm
0.003
0.002
0.001
0.000
0.09
0.06
0.03
0.00

(a) H1

(b) H2

(c) H3

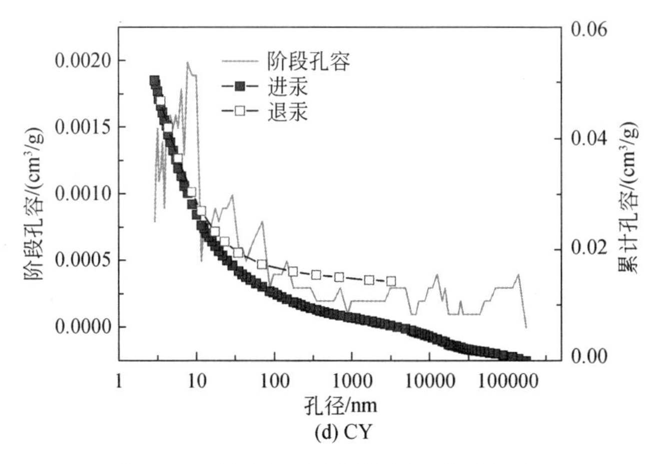

图 2-12 煤样压汞-退汞及阶段孔容曲线

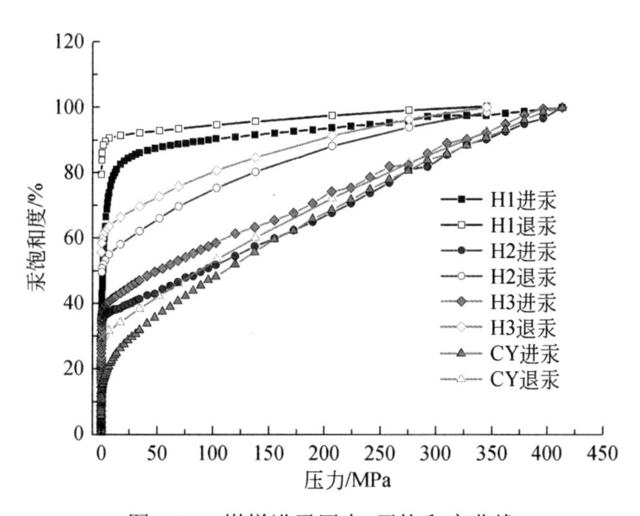

图 2-13 煤样进汞压力-汞饱和度曲线

低煤级煤的孔容和孔比表面积的展布也具有自身的特点。4 件煤样各孔径段孔容展布中，H1 的大孔、中孔、过渡孔、微孔分别占 49.32%、30.79%、10.91%、8.98%，H2 分别为 35.41%、2.84%、16.35%、45.41%，H3 分别为 37.54%、4.53%、19.43%、38.50%，CY 分别为 15.38%、8.88%、27.81%、47.93%（表 2-9）。而所有煤样孔比表面积主要以微孔占绝对优势，过渡孔和微孔两者能占到 90%以上。结合各孔径段孔容数据和阶段孔容曲线趋势，可知 H1、H2 和 H3 的阶段孔容以微孔和大孔孔径段较大，出现“双峰态”分布，而 CY 阶段孔容仅以微孔孔径段较大，呈现“单峰态”分布。

低煤级煤孔径结构特征为生物气的形成提供了契机，细菌的体积大小平均为 1～10μm，其活动需要一定的孔隙空间，而低煤级煤刚好具有较为发育的开放孔、连通孔和大孔，而且含水饱和度较高，CH_4 菌能在这种特有的条件下生长、活动、繁殖，从而能降解煤岩有机组分生成生物气。

表 2-9 煤样孔容和孔比表面积测试结果

样品编号		H1	H2	H3	CY
$R_{o,max}$/%		0.34	0.33	0.35	0.53
孔隙度/%		21.6673	8.4906	9.9379	6.0538
总进汞体积/（ml/g）		0.2127	0.074	0.0839	0.0507
孔容/（$10^{-4}cm^3/g$）	V_1	1049	262	315	78
	V_2	655	21	38	45
	V_3	232	121	163	141
	V_4	191	336	323	243
	V_t	2127	740	839	507
孔容百分比/%	V_1/V_t	49.32	35.41	37.54	15.38
	V_2/V_t	30.79	2.84	4.53	8.88
	V_3/V_t	10.91	16.35	19.43	27.81
	V_4/V_t	8.98	45.41	38.50	47.93
孔比表面积/（m^2/g）	S_1	0.077	0.009	0.014	0.005
	S_2	0.942	0.035	0.064	0.084
	S_3	3.076	2.618	3.247	2.721
	S_4	15.999	28.345	26.722	19.731
	S_t	20.094	31.007	30.047	22.541
孔比表面积百分比/%	S_1/S_t	0.38	0.03	0.05	0.02
	S_2/S_t	4.69	0.11	0.21	0.37
	S_3/S_t	15.31	8.44	10.81	12.07
	S_4/S_t	79.62	91.41	88.93	87.53

注：V 为孔容，V_1 为大孔（Φ>1000nm），V_2 为中孔（1000nm>Φ>100nm），V_3 为过渡孔（100nm>Φ>10nm），V_4 为微孔（10nm>Φ>3nm），V_t 为总比孔容；S 为比表面积，S_1 为大孔（Φ>1000nm），S_2 为中孔（1000nm>Φ>100nm），S_3 为过渡孔（100nm>Φ>10nm），S_4 为微孔（10nm>Φ>3nm），S_t 为总比表面积。

关于煤中孔隙的成因类型，前人已经做了较多的研究。早期是 Gan 等（1972）依据成因类型将煤中孔隙划分为分子间孔、煤植体孔、热成因孔和裂缝孔，之后郝琦（1987）对煤中的显微孔隙的成因划分开展了更为详细的研究，可分为气孔、植物组织孔、溶蚀孔、矿物铸模孔、晶间孔、原生粒间孔等，最具代表性是张慧（2001）将煤中孔隙分为四大类，分别为原生孔、变质孔、外生孔和矿物质孔，在此基础上又进一步划分为 10 小类（表 2-10）。

表 2-10 煤孔隙类型及成因（据张慧，2001）

类型		成因简述
原生孔	胞腔孔	成煤植物本身所具有的细胞结构孔
	屑间孔	镜屑体、惰屑体和壳屑体等碎屑状颗粒之间的孔
变质孔	链间孔	凝胶化物质在变质作用下缩聚而形成的链之间的孔
	气孔	煤变质过程中由生气和聚气作用而形成的孔
外生孔	角砾孔	煤受构造应力破坏而形成的角砾之间的孔
	碎粒孔	煤受构造应力破坏而形成的碎粒之间的孔
	磨擦孔	压应力作用下面与面之间因摩擦而形成的孔
矿物质孔	铸模孔	煤中矿物质在有机质中因硬度差异而铸成的印坑
	溶蚀孔	可溶性矿物在长期气、水作用下受溶蚀而形成的孔
	晶间孔	矿物晶粒之间的孔

如图 2-14 所示，对 4 件低煤级煤样扫描电镜结果依次进行了编号，其中，由 H1-a 和 H1-b 可见，H1 中残留了大量的植物组织孔（或者胞腔孔），含有较多的植物木质纤维组织胞腔和导管，这些胞腔孔一般向同一方向发育，彼此间相对独立，连通性较差，部分被矿物填充。H1-c 中发育着由构造应力作用导致的外生裂隙，存在着像角砾孔这样的外生孔隙和部分屑间孔。H2 中发育着较为细小的粒间和屑间孔隙，以及零散的气孔（H2-a 和 H2-b）。H3 中存在着大量的由黏土矿物堆积形成的粒间孔隙（H3-a 和 H3-b），H3-c 可能是植物残存的树皮组织，其表面上呈现出细长的纹路孔。CY 的孔隙在 4 件煤样中最为发育，内部存在着大量的胞腔孔（CY-a、CY-b 和 CY-c），有圆状、椭圆状、水滴状等，其中，CY-b 是胞腔孔的横剖面，部分位置被矿物填充；CY-d 的左上方是碎屑堆积形成的孔隙，右下方有气孔发育。

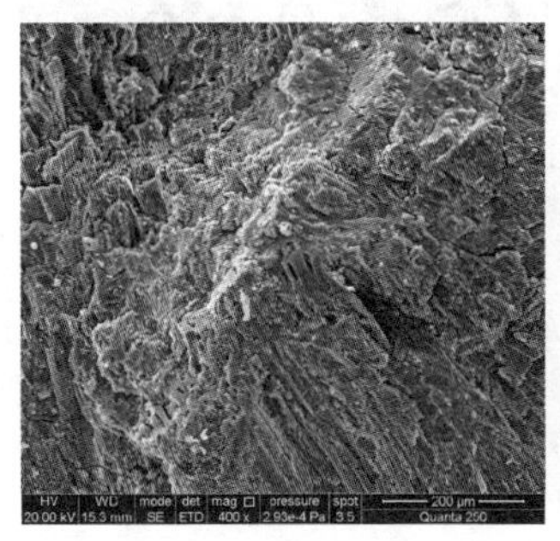
(a) H1-a

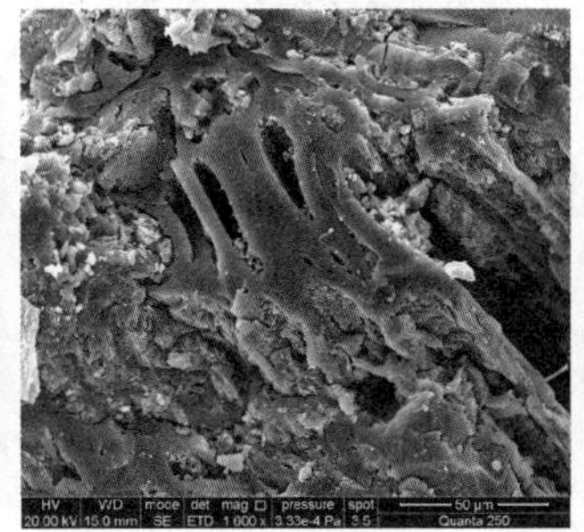
(b) H1-b

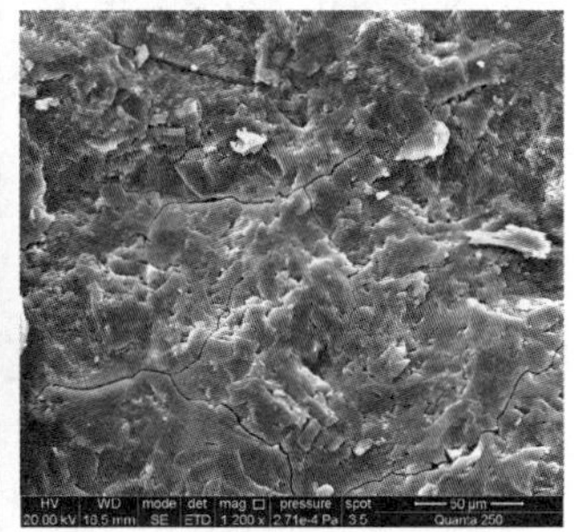
(c) H1-c

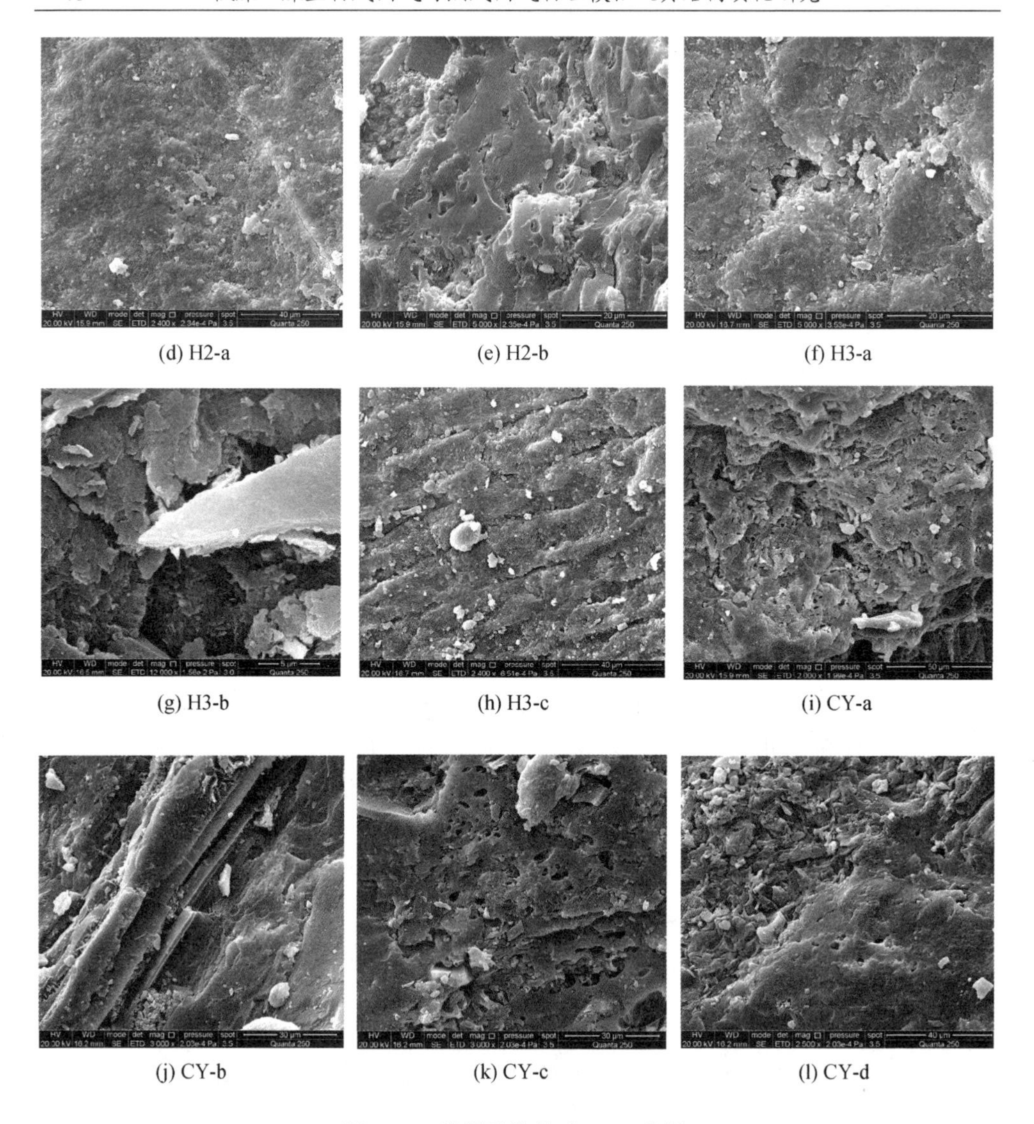

(d) H2-a　(e) H2-b　(f) H3-a

(g) H3-b　(h) H3-c　(i) CY-a

(j) CY-b　(k) CY-c　(l) CY-d

图 2-14　煤样孔隙构成 SEM 分析

2.4.4　CH_4碳氢同位素组成

本书共采集了 5 件气样，其中，大南湖煤矿西山窑组 3 件、阜康矿区大黄山七号井八道湾组 2 件。气样的 CH_4 的碳氢同位素采用中国石化石油勘探开发研究院无锡石油地质研究所的 Delta V Plus 型同位素质谱仪进行测试，结果表明，3 件西山窑组褐煤储层煤层气样 $\delta^{13}C_1$ 值分别为-59.2‰、-66.2‰、-68.6‰，相应的 δD_1 值依次为-267‰、-264‰、-268‰；两件八道湾组的长焰煤储层煤

层气样 $\delta^{13}C_1$ 值分别为−50.4‰和−54.3‰，相应的 δD_1 值依次为−254‰和−258‰（表 2-11）。

表 2-11 气样的 CH_4 碳氢同位素测试结果

同位素值	阜康矿区大黄山七号井八道湾组		大南湖煤矿西山窑组		
$\delta^{13}C_1$/‰	−50.4	−54.3	−59.2	−66.2	−68.6
δD_1/‰	−254	−258	−267	−264	−268

注：$\delta^{13}C_1$ 和 δD_1 分别以 PDB 和 SMOW 为标准。

大南湖褐煤储层中的气样 $\delta^{13}C_1$ 值明显低于公认的生物成因煤层气的下限值−55‰，结合 $\delta^{13}C_1$-δD_1 煤层气成因判识结果（图 2-15）可以推知煤层气为生物成因，考虑吐哈盆地历经二叠纪的裂陷、三叠纪至渐新世末期的拗陷，以及中新世至今的收缩-整体上隆，且煤岩镜质反射率超过 0.3%，加之原生生物气较难保存，现存的煤层气一般为次生生物成因。但值得注意的是，3 件气样的 $\delta^{13}C_1$ 值偏轻，平均为−64.67‰。

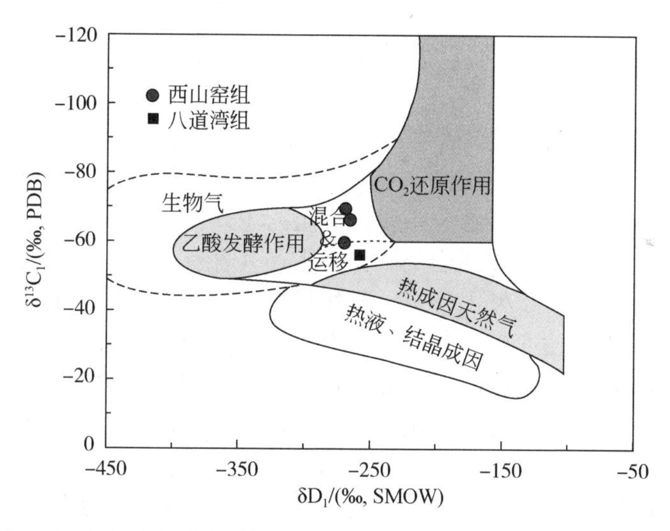

图 2-15 气样成因判识 $\delta^{13}C_1$-δD_1 图解（图版引自 Whiticar，1996）

Whiticar 等（1986）和 Wbiticar（1996）研究显示，生物成因 CH_4 在淡水环境中主要以甲基类发酵途径为主，其 $\delta^{13}C_1$ 值比海相环境中偏重，比起海相环境的−68‰（$\delta^{13}C_1$ 平均值），淡水环境中的 $\delta^{13}C_1$ 值平均达−59‰。由此可见，淡水环境比海相环境中的 CH_4 更加富集重碳同位素，$\delta^{13}C_1$ 值会更重一些，但大南湖淡水沉积环境中形成的煤层气 $\delta^{13}C_1$ 值却表现出偏轻的情况，这与煤层气组成在较大程度上受微生物降解作用的控制有关（秦勇，2005）。与之相比，阜康矿区八道湾组长焰煤储层中的气样 $\delta^{13}C_1$ 值偏重，均高于−55‰，并处于过渡带（图 2-15）。这可能与生物成因和热成因煤层气的混合及运移所致 CH_4 碳同位素的变化有关，或者是因为热成因湿气组分遭受微生物降解，以及次生生物成因煤层气的形成致使煤层气同位素组成改变。

2.5 小　　结

1）低煤级煤的孔隙率、总孔容和总比表面积，以及过渡孔孔容和比表面积均随着 $R_{o,max}$ 的增大先减少后增大，当 $R_{o,max}$=0.50%时出现最小值，后阶段（$0.50\%<R_{o,max}<0.65\%$）增大的原因与煤化作用早期煤热解生烃产生较多的气孔和较少的沥青产出量有关，并且气孔孔径阶段大多为过渡孔（$100nm>\Phi>10nm$）。煤阶对 CH_4 吸附影响有限，不同煤样的 CH_4 吸附等温线出现交叉叠置现象。显微组分对低煤级煤的孔隙分布和 CH_4 吸附有显著影响，特别是微孔孔容和 V_L 随着镜质组和惰质组含量的增大分别呈现了相反的“三段式”波动变化规律，并且两者的波峰和波谷位置基本吻合，可见显微组分含量变化使得微孔孔容分布具有规律性，而微孔作为主要的吸附空间又进一步影响到了 CH_4 吸附量。

2）大南湖西山窑组煤化程度较低，以暗煤为主，有机显微组分以惰质组含量最高，腐殖组（细屑体、木质结构体和腐木质体含量较高）次之，稳定组最小，无机组分由黏土类、碳酸盐、硫化物和氧化物构成，其中，黏土类含量相对较高，煤中水分含量和挥发分产率较高，全硫含量较低，属低硫煤。阜康矿区八道湾组煤岩以亮煤为主，有机显微组分中以镜质组为主，惰质组次之，伴有少量的半镜质组和壳质组，无机组分以黏土类矿物为主，并含有相当比例的碳酸盐，总体属于低水分、高挥发分及低灰-中灰煤。褐煤样品中含有较多的黏土类矿物高岭石和石英，长焰煤样品中含有较多的碳酸盐类矿物白云石。

3）实验煤样以开放孔和半封闭孔为主，其中，褐煤的大孔和微孔较为发育，长焰煤的微孔最为发育，含有大量的胞腔孔，有圆、椭圆、水滴等规则和不规则状，部分被矿物填充，黏土矿物堆积形成的粒间孔隙也较为发育，局部发育气孔。

4）大南湖西山窑组中的煤层气显示出生物成因，而阜康矿区八道湾组的煤层气 $\delta^{13}C_1$ 值偏重，均高于-55‰，具有生物成因和热成因煤层气混合的迹象。

3 低煤级煤微生物作用生气模拟

前人的研究证实，煤在携有产甲烷菌的厌氧微生物作用下可以产生次生生物气。关于低煤级储层煤层气次生生物成因模拟，前人的研究多利用长时间的排水集气法研究生物产出气（尤其是生化 CH_4）的产率和生成量，以及碳氢同位素组成。但这里存在两个问题：其一，长时间的排水集气法容易造成生物产出气组分失真，而且存在气体倒吸和导管堵塞等现象；其二，前人对次生生物成因煤层气的判识侧重于利用气体组分和碳氢同位素进行判识，而对煤岩中的有机分子（特别是生物标志化合物）在遭受微生物作用后的改变鲜有报道。基于此，本书选择褐煤和长焰煤作为样品，借助于 SYQX-Ⅱ型厌氧手套箱、HZQ-F160 型全温振动培养箱等装置，利用厌氧瓶开展封闭式的厌氧微生物作用煤样生气模拟，重点分析了整个过程中的气体产率、组分和碳氢同位素组成，并针对原煤和经受微生物作用后的残留煤样进行有机地球化学分析，试图从微生物作用产出气和残留煤样有机地球化学特征两个角度构建生物成因煤层气的综合判识方法。

3.1 样品与实验装置

选取吐哈盆地哈密大南湖煤矿西山窑组的褐煤，以及阜康矿区大黄山七号井八道湾组的长焰煤作为微生物降解生气模拟的母质。第 2 章已对煤样的煤岩煤质、孔隙结构，以及元素和矿物组成做了详细的分析，在此不再赘述。大块煤样采集后及时用密封袋密封保存，并将样品立即带到实验室进行低温保存。在进行生物气产出实验时将煤样从低温箱中取出，自然晾干后将其研磨至 100～120 目，装入密封袋，并在 4℃条件下保存于厌氧手套箱中，以备待用。

整个生物气产出模拟实验在中国矿业大学煤层气资源与成藏过程教育部重点实验室中完成，所需的基本实验装置有 SYQX-Ⅱ型厌氧手套箱（图 3-1，用于接种）、LDZX-75KBS 型立式压力蒸汽灭菌器（图 3-2，用于培养基的高温灭菌）、HZQ-F160 型全温振动培养箱（图 3-3，提供厌氧产甲烷菌的富集培养和生物成因气产出模拟实验的外部环境）、气体抽取装置（图 3-4）。

气体抽取装置是为了解决前人利用排水集气法开展生物气实验产生一些弊端的新装置。整套装置从下到上的组合为厌氧瓶+细针头+三通阀+两通阀+3ml 注射器。厌氧瓶用于产甲烷菌的富集培养和生物成因气产出模拟，三通阀可以通过外接橡皮软管进行快速排水集气测产气量，两通阀用于注射器抽取气体后的暂时保存，主要用来开展气体的色谱和同位素质谱分析等。该套装置的主要优点是气密性较好，抽取产出气和反应液更加快捷，同时能够有效保证气体组分和碳氢同位素组成测试不失真。值得注意的是，虽然产气量的测试沿用的仍是排水集气法，但该套装置能够在短时间内迅速测出产气量，比起长时间的排水集气装置在产气量测定方面相对精确。

图 3-1　SYQX-II 型厌氧手套箱实物图

图 3-2　LDZX-75KBS 型立式压力蒸汽灭菌器实物图

图 3-3　HZQ-F160 型全温振动培养箱实物图

图 3-4　气体抽取装置实物图

3.2　实验总体步骤和技术路线

本次低煤级煤微生物作用产气模拟的菌种源是经由矿井水产甲烷菌群（由中国科学院提供）经过富集培养后提纯出来的菌种液。本次实验总体步骤分为三步，如下所示：第一步，将50ml菌种液封装在厌氧瓶中取回实验室，在4℃条件下冷藏保存，以保证菌种不要过度繁殖（由于菌种液中微生物所需的营养物质有限），同时也能保证细菌的活性；第二步，配制产甲烷菌生长和繁殖所需的培养基，利用厌氧瓶和上述实验装置对原菌种液进一步开展厌氧产甲烷菌群的富集培养，以保证后期生物成因气产出模拟实验有足够的接种需求；第三步，对经由再次富集后的菌种液、研磨好的低煤级煤样品（100～120目），以及培养基在SYQX-Ⅱ型厌氧手套箱中利用厌氧瓶进行接种实验，将接种完成的厌氧瓶取出，置于HZQ-F160型全温振动培养箱内进行生物气产出模拟实验。

需要说明的是，产甲烷菌群在富集培养和接种实验前一定要用酸度计测量一下培养基的pH，以保证培养基酸碱度处于弱碱状态。在生物成因气产出模拟实验过程中，按照既定的时间点依次测量反应液的pH和产出气的产气量、组分、碳氢同位素。此外，对既定时间点微生物作用残留煤样开展索氏抽提，对抽提物进行族组分分离和定量化，分析氯仿沥青“A”和族组分含量，并开展色谱质谱分析，对族组分中的饱和烃开展色谱-质谱分析。总体的技术路线如图3-5所示。

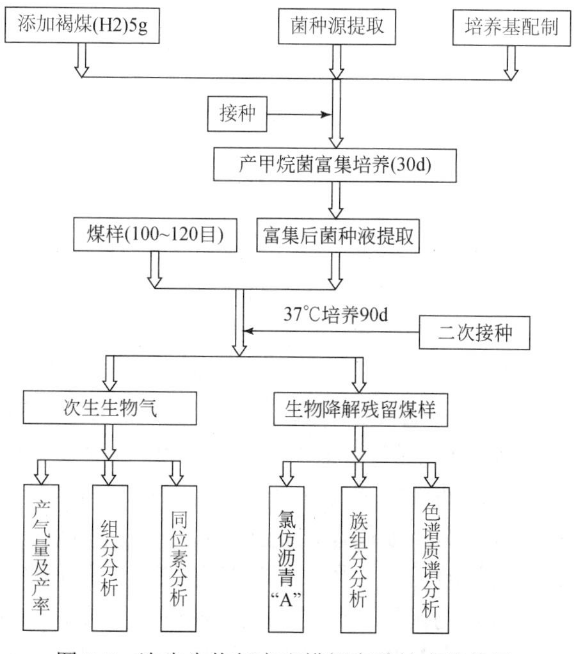

图3-5　次生生物气产出模拟实验技术路线图

3.3 次生生物气产出模拟与分析

3.3.1 厌氧产甲烷菌的富集培养

（1）培养基

对于产甲烷菌的富集培养，首先要提供产甲烷菌生长繁殖的环境和营养物质，产甲烷菌的培养基配制借鉴钱泽澍和闵行（1988）、李阜棣等（1996）和王爱宽（2010）的研究成果，如下所示。

1）每 1000ml 无菌水中加入 K_2HPO_4 0.4g、$MgCl_2$ 2.0g、KH_2PO_4 0.4g、酵母浸入液 1.0g、NH_4Cl 1.0g、刃天青 0.001g、乙酸钠 2.0g、半胱氨酸 0.5g、KCl 0.2g、NaCl 2.0g、微量元素溶液 10.0ml。

2）微量元素溶液：每 1000ml 无菌水中加入 $MgCl_2 \cdot 6H_2O$ 5.0g、$FeCl_2 \cdot 4H_2O$ 6.0g、$CoCl_2 \cdot 6H_2O$ 0.15g、H_3BO_3 0.1g、$ZnSO_4 \cdot 7H_2O$ 0.1g、$CuSO_4 \cdot 5H_2O$ 0.05g、$NiSO_4 \cdot 6H_2O$ 0.45g、$MnCl_2 \cdot 4H_2O$ 5.0g、$(NH_4)_6Mo_7O_{24} \cdot 4H_2O$ 0.64g、刃天青 0.001g。

（2）富集培养过程

培养基配好之后，煮沸 5～10min 以除去其中的氧。另外，需要说明的是，在富集培养接种过程中，厌氧瓶中添加了 15g 褐煤样（H2）（100～120 目）来驯化产甲烷菌群更加适应降解煤样，同时设立空白对照组（CK），空白组中不添加煤样。

将除氧之后的培养基用 PHS-3C 精密酸度计测试一下 pH，可添加 1mol/L 的 HCl 和 NaOH 溶液调节 pH，直到 pH 为 7.4 左右即可。随后用 250ml 的锥形瓶分装培养基，并用棉塞将锥形瓶口封住，外部用牛皮纸进行缠扎，然后将分装好的培养基放置于 LDZX-75KBS 型立式压力蒸汽灭菌器内，将灭菌器的温度调至 121℃灭菌 20min，灭菌后待培养基冷却后再放入 SYQX-Ⅱ型厌氧手套箱内进行接种。

接种前除了将培养基放入厌氧手套箱外，还有 100～120 目的煤样 15g、50ml 原菌种液、500ml 的厌氧瓶两个、10ml 的量筒 1 个、引流玻璃棒 1 个、滴管 1 个、1%的 Na_2S 和 5%的 $NaHCO_3$ 混合溶液（还原剂）20ml。待上述物品放入后关紧厌氧手套箱闸门，进行数次抽真空和充入氮气，以保证箱内处于无氧环境，接种时先将 350ml 的培养基通过引流玻璃棒倒入厌氧瓶中，并用滴管加入 2～3 滴 1%的 Na_2S 和 5%的 $NaHCO_3$ 混合溶液，用其还原性除去培养基中的氧，随后分两次将 20ml 的原菌种液用 10ml 的量筒引流进入厌氧瓶中，并将煤样倒入后盖紧瓶塞，并摇晃数次，使煤样、培养基和菌种液全面接触。空白组除了不加煤样外，其他均与富集培养组中的配置一样。最后将两组厌氧瓶置于 HZQ-F160 型全温振动培养箱中，温度设定为 37℃，培养 30d。富集培养过程中每隔 5d 记录一次两组的产气量，并用厌氧管收集富集培养组的产出气进行组分和碳氢同位素测试，测试结果见表 3-1。

表 3-1 不同时间点生物气气产量、产率、组分和碳氢同位素测试结果

项目类型	编号	5d	10d	15d	20d	25d	30d
原始产气量/ml	H2	5.2	5.4	7.2	7.3	7.8	8.5
	CK	6.5	6.3	6.9	6.7	5.6	4.4
校正后产气量/ml	H2	−1.3	−0.9	0.3	0.6	2.2	4.1
校正后累计产气量/ml	H2	−1.3	−2.2	−1.9	−1.3	0.9	5.0
校正后有机质产气率/（ml/g）	H2	−0.12	−0.08	0.03	0.06	0.20	0.38
富集培养组中气体组分百分比/%	CH_4	0.11	0.47	3.35	4.74	8.32	10.37
	CO_2	16.42	18.16	19.45	22.86	20.12	20.03
富集培养组中气体同位素值/‰	CH_4	—	$\delta^{13}C_1$=−56.8 δD_1=−334	—	$\delta^{13}C_1$=−62.4 δD_1=−347	—	$\delta^{13}C_1$=−59.7 δD_1=−342
	CO_2	—	$\delta^{13}C_{(CO_2)}$=−18.4	—	$\delta^{13}C_{(CO_2)}$=−17.2	—	$\delta^{13}C_{(CO_2)}$=−18.1

注：$\delta^{13}C_1$ 和 δD_1 分别以 PDB 和 SMOW 为标准。

（3）测试分析

生物气的组分分析在中国矿业大学煤层气资源与成藏过程教育部重点实验室内完成，采用 KV-CMC0051 型气相色谱仪开展测试，测试过程中检测温度为 250℃，色谱柱温度为 55℃，载气为 205kPa 的氦气。

生物气的碳氢同位素分析在中石化石油勘探开发研究院无锡石油地质研究所完成，其中，碳同位素依据标准《地质样品有机地球化学分析方法 第 2 部分：有机质稳定碳同位素测定 同位素质谱法》（GB/T 18340.2—2010），氢同位素依据标准（Q/WX0006-2006），采用 DELAT V Plus 型稳定同位素质谱仪开展测试。

厌氧产甲烷菌富集培养过程中生物气气产量、产率、组分和碳氢同位素测试结果见表 3-1。产气量的变化在一定程度上可以反映产甲烷菌的数量和活性，空白组原始产气量在前 10d 比富集培养组要大，到 15d 时，富集培养组的产气量已经超过空白组，之后空白组原始产气量逐渐减少，而富集培养组有增大的趋势；从校正后的产气量来看，随着时间的推移，总体呈现增大的趋势，前 20d 增长较为缓慢，20d 之后有明显的增长，累计产气量则出现一个先减小后再缓慢增大的过程（图 3-6），这与前期空白组的原始产气量增长速度较快有关。可见，在富集培养 30d 左右的时候，产甲烷菌的数量和活性均有了较大的提升，这为生物气的产出模拟实验保证了菌种的需求。

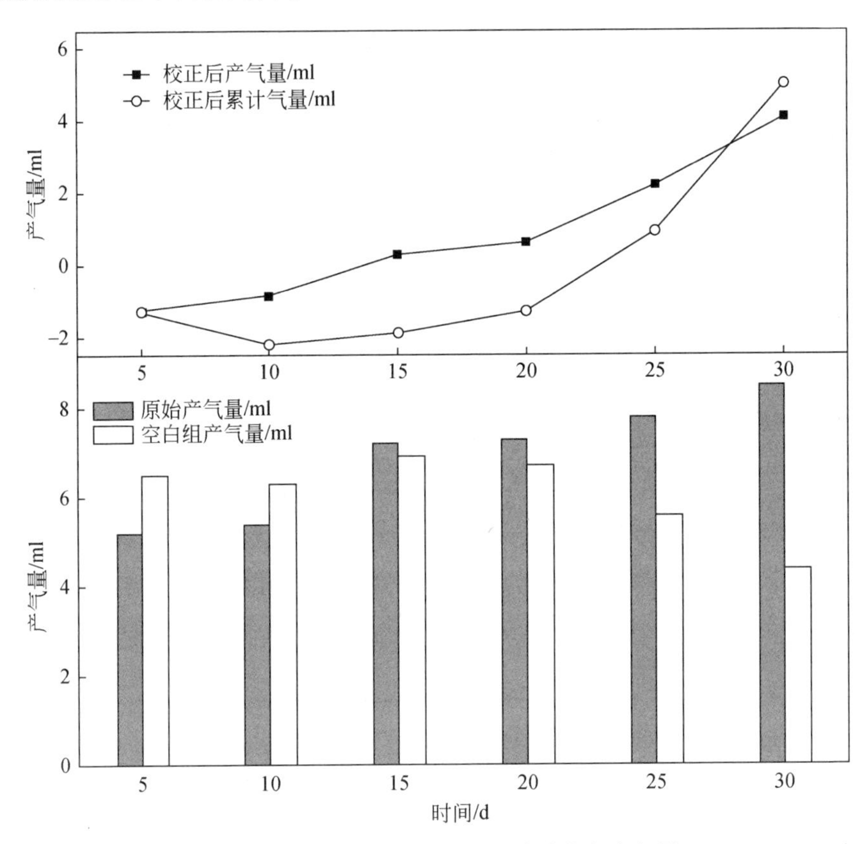

图 3-6 产甲烷菌富集培养过程中生物气产气量

为了探求煤中的有机质产气特征，特对实验产气量数据进行了校正和分析，如下所示：

$$q_j = q_o - q_{ck} \tag{3-1}$$

$$Q_r = q_j / m（1 - A_{ad} - M_{ad}） \tag{3-2}$$

式中，q_j 为校正后产气量，ml；q_o 为原始产气量，ml；q_{ck} 为空白组（CK）产气量，ml；Q_r 为煤中有机质产气率，ml/g；m 为煤样质量，g；M_{ad} 为煤样空气干燥基水分，%；A_{ad} 为煤样灰分产率，%。

如图 3-7 所示，校正后有机质产气率随着培养时间的推移而逐渐增大，尤其是 20d 以后有一个明显的增长，而校正后的产气量也在 20d 以后快速增长，因此，以 20d 为时间节点分为两个阶段，第一阶段（20d 以前）的产气量和有机质产气率缓慢；第二阶段（20d 以后）中两者有显著增大趋势。第一阶段中的产甲烷菌群处于适应期，其活性和数量受限，产气效率较低，第二阶段适应期已过，产甲烷菌群的代谢水平已经有了较大的提高，产气效率有所提升。此外，生物气组分以 CO_2 和 CH_4 为主，几乎不含重烃气，组分中的 CO_2 含量明显高于 CH_4（图 3-8），这可能与煤体显微组分构成有关，有研究表明褐煤中的腐殖组为第一个产气周期，该周期中 CO_2 含量较高而 CH_4 含量较低（王爱宽，2010），H2 中腐殖组占 67.1%，惰质组和稳定组分别为 19.3%和 13.4%，煤中腐殖组含量正是明显高于后两者。但由图 3-8 可见，20d 以后 CO_2 含量有所减少，而 CH_4 含量却一直在增大，是否存在 CO_2 还原产出 CH_4 的方式参与其中，有待于进一步研究。

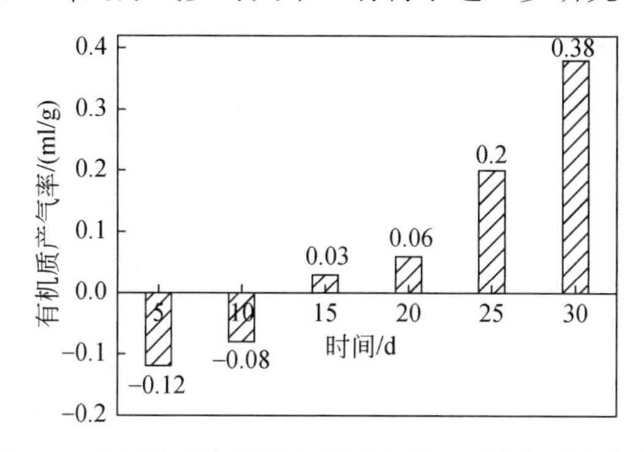

图 3-7　产甲烷菌富集培养过程中校正后有机质产气率

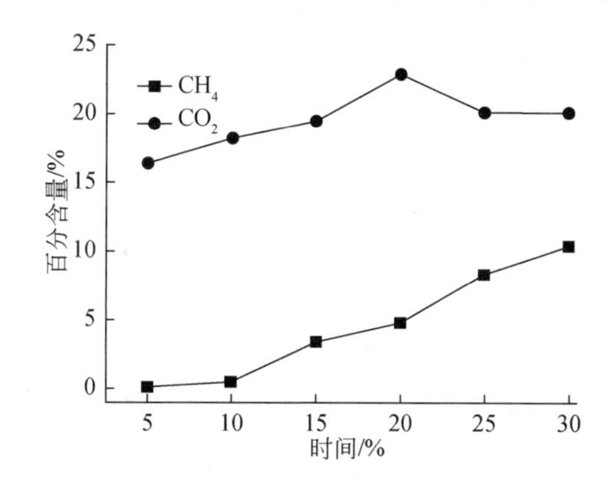

图 3-8　产甲烷菌富集培养过程中生物气组分变化曲线

由生化 CH_4 和 CO_2 碳氢同位素分布可见（图 3-9），产甲烷菌富集培养过程中生物气成因为乙酸发酵类型，说明富集培养 30d 所产的 CH_4 主要是通过乙酸发酵途径生成的，至于后期是否有 CO_2 还原方式的参与，需要进一步验证。

3.3.2　次生生物气产气量

（1）次生生物气产出实验设计

次生生物气产出模拟实验接种步骤、气体组分和同位素测试方法与产甲烷菌

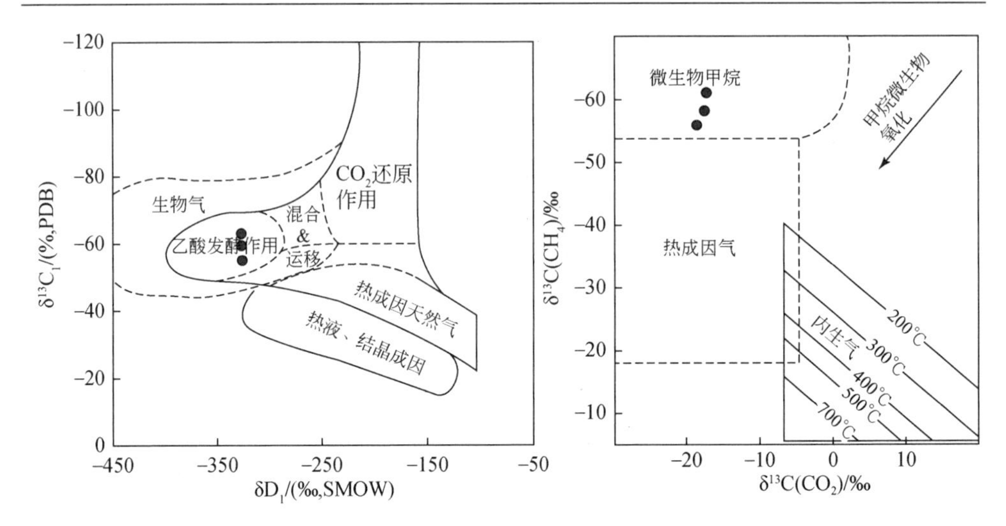

图 3-9　产甲烷菌富集培养过程中生物气碳氢同位素分布（引自 Kotarba and Rice，2001）

的富集培养实验相同，在此不再赘述，两者最大的区别在于实验流程不同。此次实验采用的煤样为之前存放在厌氧手套箱中已研磨好的 H1、H3 和 CY（100～120 目），整个生物气产出过程共 90d，每隔 10d 利用气相色谱测试产出气的组分含量，分别在 30d、50d、70d、90d 这 4 个时间节点测试气体碳氢同位素组成，并取出煤样开展有机地球化学分析，据此共设计 13 个反应瓶，其编号为 H1-30、H1-50、H1-70、H1-90；H3-30、H3-50、H3-70、H3-90；CY-30、CY-50、CY-70、CY-90；CK-90（空白组）。接种时向 500ml 厌氧瓶（反应瓶）中加入 40g 煤样、20ml 菌种液、380ml 培养基，并调节 pH 至 7.4，其中，空白对照组不添加煤样。接种完成后将反应瓶置于全温振动培养箱中，在设定温度 37℃下进行振动培养产气。

需要说明的是，由于整个产气过程仅有编号为 90d 的反应瓶保留到了最后，因此，实验设计反应液 pH 和产气量的测试以编号 90d 的反应瓶为例。

（2）反应液 pH 的变化

pH 与细菌的活性关系密切，可以通过影响酶的活性而间接影响细菌的活性。较低的 pH 能够致使细菌酸中毒，而 pH 较高时能够使得体系中的碳源流失（刘聿太，1990）。合理的 pH 才能使细菌不断生长繁殖，关德师（1990）曾研究表明，产甲烷菌适合生长在 pH 介于 5.9～8.4 的环境中。生物气产出过程中反应液 pH 测试结果见表 3-2。

表 3-2 次生生物气产出过程中反应液 pH 测试结果

煤样编号	0d	10d	20d	30d	40d	50d	60d	70d	80d	90d
H1-90	7.40	6.63	6.67	7.00	7.19	7.36	7.30	7.01	7.04	7.44
H3-90	7.40	6.75	6.82	7.03	7.25	7.41	7.37	7.09	7.13	7.36
CY-90	7.40	6.76	6.84	6.97	7.30	7.28	7.14	7.05	7.15	7.31

结果表明，三种煤样反应液的 pH 演变轨迹大致相同，10d 时反应液的 pH 由原来的 7.4 降至 6.6 左右，然后又逐渐升高，在 40～60d 时升至峰值，在此范围内，H1-90、H3-90 和 CY-90 的最大 pH 分别为 7.36、7.41、7.30，随后再次出现降低和升高的过程，最低值出现在 70d 左右。pH 总体呈现一个上升的“W”形（图 3-10）。究其原因，微生物作用厌氧降解生成 CH_4 前期酸性物质增多，说明反应液中的产酸菌群生长较快，活性较大。根据前人的研究，产酸菌一般为酸化细菌和产氢产乙酸菌，能将体系中的脂肪酸、氨基酸等降解为乙酸、甲酸、H_2 和 CO_2 等产甲烷菌能直接利用生气的母质（Romeo et al.，2008），使得体系 pH 下降，随后产甲烷菌分解利用这些母质生成生物气，使得体系中的 pH 再次上升。如此产酸菌和产甲烷菌博弈的过程可能就是“W”形 pH 变化曲线的形成机制。

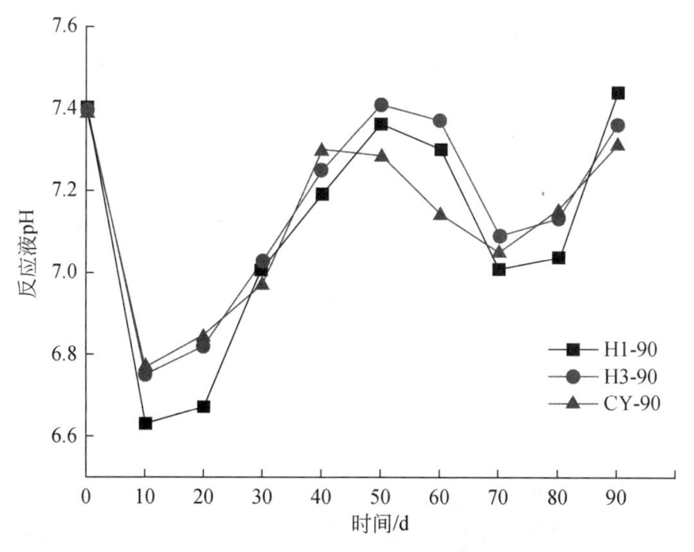

图 3-10 次生生物气产出过程中反应液 pH 变化曲线

（3）产气量和有机质产气率

次生生物气产出模拟实验原始产气量和校正后的产气量数据见表 3-3，结果显示，90d 内 3 个煤样产气瓶的原始产气量均经历过先增大后减少再增大的过程，而空白组原始产气量仅经历了先增大后减少的过程，到 60d 时已经没有气体产出，说明培养基中可供细菌生存的有机物质已经所剩无几，细菌之间也存在激烈竞争，不再产气；3 个煤样产气瓶校正后的产气量曲线有大致相同的变化趋势，均表现为先上至 40～60d 范围内时出现峰值，而后逐渐下降，在 70～80d 范围内时出现最低值，随后又再次逐渐上升（图 3-11）。同时可见，90d 内，产气量演变的轨迹基本与 pH 的相同，说明反应液的酸碱度在一定程度上影响了产气量。

表 3-3　次生生物气产出过程中原始产气量和校正后产气量数据

产气截止时间	原始产气量/ml				校正后的产气量/ml		
	H1-90	H3-90	CY-90	CK-90	H1-90	H3-90	CY-90
10d	11	10.7	10	10.7	0.3	0	-0.7
20d	18	17.9	14.8	17.6	0.4	0.3	-2.8
30d	13.8	12.3	12.1	7.2	6.6	5.1	4.9
40d	15.9	14.7	11.2	6.6	9.3	8.1	4.6
50d	13.2	12.1	9.5	4.3	8.9	7.8	5.2
60d	6.9	6.4	8.1	0	6.9	6.4	8.1
70d	6.9	6.3	6.7	0	6.9	6.3	6.7
80d	7.9	7.5	6.5	0	7.9	7.5	6.5
90d	9.5	9.1	8.6	0	9.5	9.1	8.6

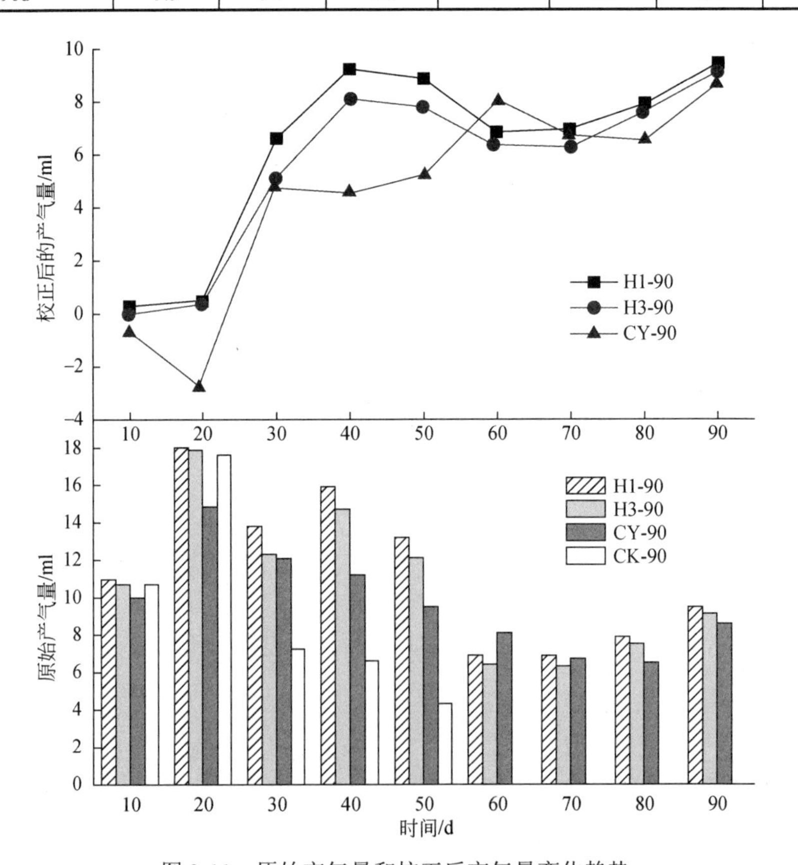

图 3-11　原始产气量和校正后产气量变化趋势

表 3-4 为校正后的累计产气量和有机质产气率（有机质产气率计算方法与 3.3.1 节相同），3 个不同煤样产气瓶累计产气量总体随培养时间的延长呈现出上升趋势，H1-90 累计产气量在整个过程中最大，H3-90 次之，CY-90 最少（图 3-12）。仔细观察可以发现，CY-90 累计产气量略有不同，在 10～20d 范围内，其值由-0.7ml 降至-3.5ml，这是由于空白组的原始产气量在此时间范围内处于快速上升期，累计产气量处于负值状态。在有机质产气率方面，整个过程 H1-90 和 H3-90 瓶组的产气率相对较高，CY-90 相对较低（表 3-4），其中，H1-90 和 H3-90 的变化步调大致相同，均随着时间的延续总体先增大后减少再增大（图 3-13），在 40d 出现最大值，依次为 0.268ml/g 和 0.255ml/g，在 70d 出现最少值，依次为 0.199ml/g 和 0.198ml/g；此外，由于前期空白组原始产气量较大，CY-90 有机质产气率在 10d 和 20d 两个时间点出现负值，后随时间的延续，其值总体增大，60d 时出现峰值（0.215ml/g），而后呈现先下降再上升的变化趋势（图 3-13）。

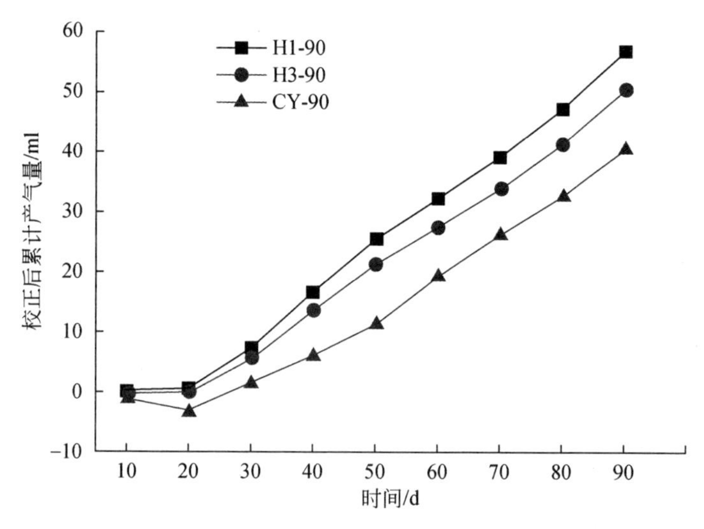

图 3-12　校正后累计产气量曲线

表 3-4　累计产气量和有机质产气率

产气截止时间	校正后累计产气量/ml			校正后有机质产气率/（ml/g）		
	H1-90	H3-90	CY-90	H1-90	H3-90	CY-90
10d	0.3	0	−0.7	0.009	0.000	−0.019
20d	0.7	0.3	−3.5	0.012	0.009	−0.074
30d	7.3	5.4	1.4	0.190	0.160	0.130
40d	16.6	13.5	6	0.268	0.255	0.122
50d	25.5	21.3	11.2	0.256	0.245	0.138
60d	32.4	27.7	19.3	0.199	0.201	0.215

续表

产气截止时间	校正后累计产气量/ml			校正后有机质产气率/（ml/g）		
	H1-90	H3-90	CY-90	H1-90	H3-90	CY-90
70d	39.3	34	26	0.199	0.198	0.178
80d	47.2	41.5	32.5	0.228	0.236	0.173
90d	56.7	50.6	41.1	0.274	0.286	0.229

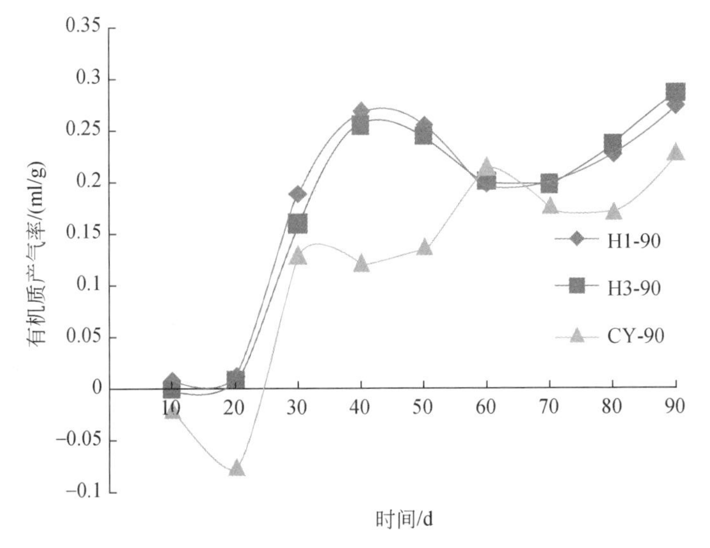

图 3-13 有机质产气率趋势图

综上所述，在产气量和有机质产气率两个方面，H1-90 的产气量和有机质产气率明显高于 CY-90，这可能与褐煤 H1 中的腐殖组含量有关，腐殖组是微生物降解的第一周期，腐殖组中含有较多的带有多个侧链的多环芳香结构，其中，如羧基、甲氧基等含氧官能团生物活性较大，易于微生物降解；而惰质组具有高度缩合的芳香稠环结构，稳定组中类脂化合物结构稳定，因此，这两者抗生物降解能力较强（王爱宽，2010）。据此可知，可能 H1 中存在较多的腐殖组，而 CY 镜质组/腐殖组含量相对较少，造成 H1 总体容易被微生物作用降解生气。

3.3.3 产出气体组分及其碳氢同位素组成

采用 KV-CMC0051 型气相色谱仪开展次生生物气组分测试，测试结果表明，产气瓶中的气体一般由大量的 N_2，相当数量的 CH_4 和 CO_2，以及极少量的 H_2 组成。需要说明的是，接种时厌氧手套箱需要进行抽真空和充入 N_2，这也是后期生物气组分检测中检出大量 N_2 存在的原因。可见，CH_4 和 CO_2 是生物气构成的主要成分，而且检测中几乎没有检测到重烃气的存在。产出生物气 CH_4 和 CO_2 所占百分含量检测结果见表 3-5，总体表明，在 90d 的产气过程中，CH_4 和 CO_2 含量演变轨迹具有同步效应，尤其是在添加 H1 和 H2 的产气瓶中表现突出，现分述如下。

1）添加 H1 的 4 个产气瓶中，CH_4 所占百分含量介于 0.31%（H1-30，10d）～18.60%（H1-90，60d），而 CO_2 介于 9.27%（H1-90，90d）～26.11%（H1-70，60d），在 90d 的产气过程中，CO_2 的含量整体高于 CH_4。总体变化轨迹为，10～30d 时，CH_4 和 CO_2 两者含量增大；30～60d 时，两者含量先减少后增大；60～90d 时，两者含量呈现减少趋势，并分别在 30d 和 60d 时两者出现峰值（图 3-14）。

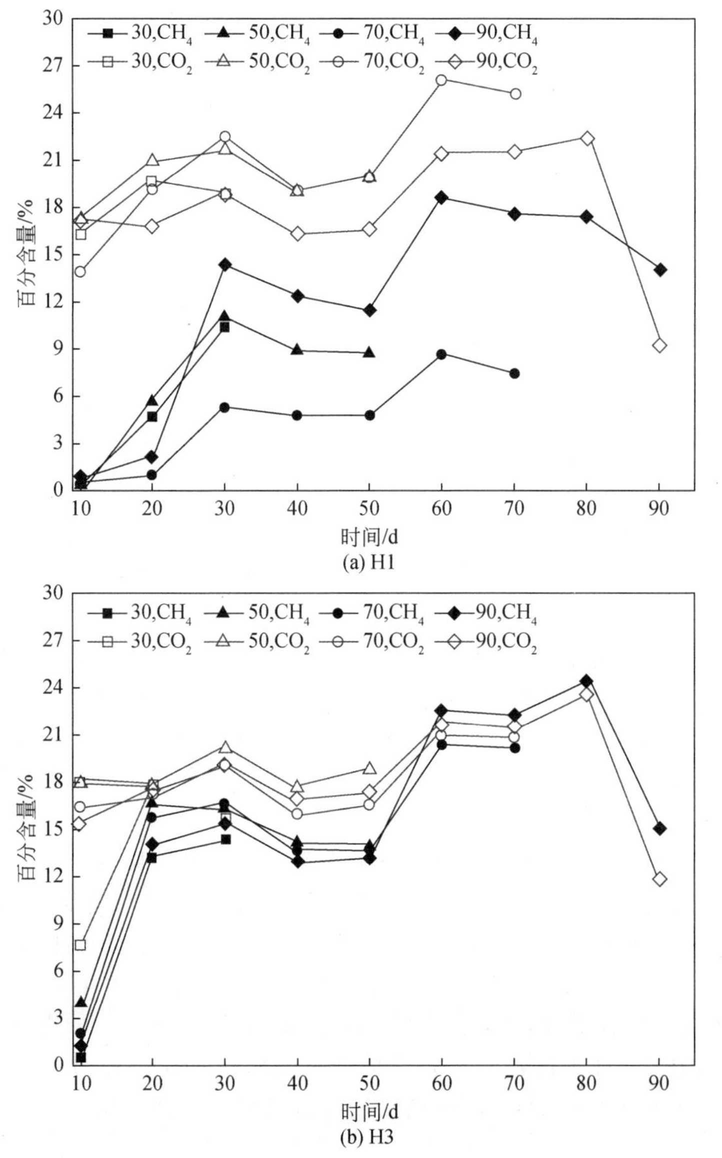

(a) H1

(b) H3

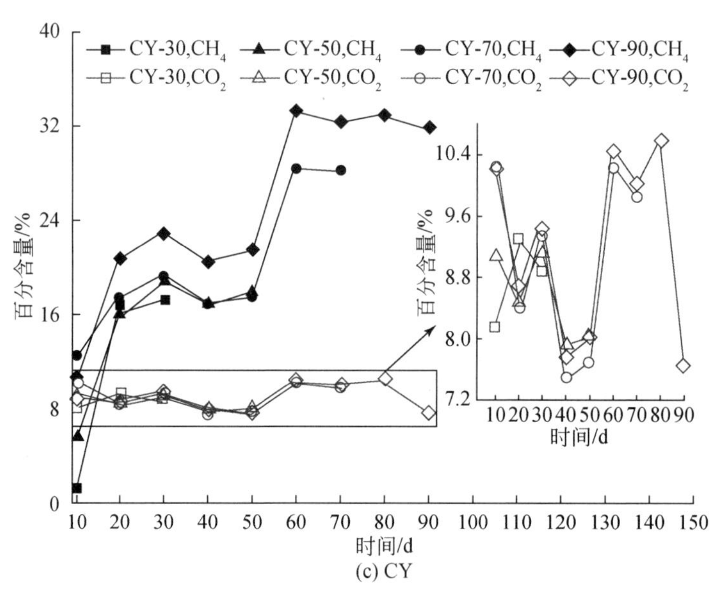

图 3-14　产出生物气中 CH_4 和 CO_2 的含量变化曲线

2）添加 H3 的 4 个产气瓶中，CH_4 所占百分含量介于 0.56%（H3-30，10d）～24.45%（H3-90，80d），而 CO_2 介于 7.70%（H3-30，10d）～23.66%（H3-90，80d），10～60d 时 CO_2 的含量整体高于 CH_4，60d 以后出现了 CH_4 含量反超 CO_2 的情况。总体变化轨迹为，10～30d 时，CH_4 和 CO_2 两者含量增大；30～60d 时，两者含量先减少后增大；60～80d 时，两者含量略有下降后再次上升；80d 以后两者含量均减少，并分别在 30d、60d 和 80d 时两者出现峰值（图 3-14）。

3）添加 CY 的 4 个产气瓶中，CH_4 所占百分含量介于 1.36%（CY-30，10d）～33.39%（CY-90，60d），而 CO_2 介于 7.47%（CY-70，40d）～10.46%（CY-90，60d），90d 的产气过程中，CH_4 的含量总体高于 CO_2，CO_2 含量总体平稳，上下波动较小，20d 时 CH_4 的含量就已经完全超出 CO_2。总体变化轨迹为，10～30d 时，CH_4 含量增大，CO_2 含量基本保持持平，略有浮动；30～60d 时，两者含量先减少后增大；60～90d 时，两者含量呈现微弱的减少趋势，其中，CH_4 在 30d 和 60d 时出现峰值（图 3-14）。

王爱宽（2010）针对褐煤本源菌生物降解气的研究结果表明，分解产气的第一个周期如果是以腐殖组为主，产出生物气中的 CO_2 含量会高于 CH_4 含量，反之，如果产气的第一个周期是以稳定组和惰质组为主，生物气中的 CH_4 含量会较高，而 CO_2 含量会较少。反观本次生物气的实验结果，添加 H1 和 CY 的 8 个产气瓶所产气体组分中 CH_4 和 CO_2 的含量与这种规律有相同的地方，但也有不同之处。90d 产气过程中，H1 的腐殖组含量（67.3%）明显高于惰质组（18.8%）和稳定组（14.0%），气体组分中的 CO_2 含量明显高于 CH_4 的含量，CY 的镜质组含量（62.2%）

表 3-5 产出生物气 CH_4 和 CO_2 含量（%）

产气瓶编号	测试气体	10d	20d	30d	40d	50d	60d	70d	80d	90d
H1-30	CH_4	0.31	4.78	10.36	—	—	—	—	—	—
	CO_2	16.30	19.67	18.72	—	—	—	—	—	—
H1-50	CH_4	0.35	5.69	10.99	8.91	8.75	—	—	—	—
	CO_2	17.27	20.93	21.65	18.98	19.89	—	—	—	—
H1-70	CH_4	0.43	0.95	5.32	4.76	4.83	8.58	7.54	—	—
	CO_2	13.98	19.20	22.53	19.08	19.91	26.11	25.21	—	—
H1-90	CH_4	0.85	2.15	14.37	12.37	11.52	18.60	17.58	17.41	13.99
	CO_2	17.11	16.83	18.83	16.24	16.69	21.42	21.59	22.37	9.27
H3-30	CH_4	0.56	13.23	14.39	—	—	—	—	—	—
	CO_2	7.70	17.63	15.69	—	—	—	—	—	—
H3-50	CH_4	3.93	16.67	16.39	14.22	13.96	—	—	—	—
	CO_2	17.98	17.83	20.13	17.68	18.81	—	—	—	—
H3-70	CH_4	2.10	15.77	16.60	13.71	13.84	20.41	20.19	—	—
	CO_2	16.42	17.30	19.08	16.11	16.74	21.01	20.87	—	—
H3-90	CH_4	1.28	14.13	15.48	13.05	13.32	22.56	22.28	24.45	15.13
	CO_2	15.37	17.68	19.14	16.94	17.40	21.67	21.62	23.66	11.95
CY-30	CH_4	1.36	16.82	17.27	—	—	—	—	—	—
	CO_2	8.15	9.30	8.89	—	—	—	—	—	—
CY-50	CH_4	5.69	16.01	18.88	16.97	17.85	—	—	—	—
	CO_2	9.09	8.47	9.10	7.91	8.05	—	—	—	—
CY-70	CH_4	12.58	17.42	19.24	16.92	17.55	28.43	28.27	—	—
	CO_2	10.26	8.44	9.33	7.47	7.72	10.26	9.86	—	—
CY-90	CH_4	10.66	20.79	22.90	20.51	21.52	33.39	32.43	32.99	31.91
	CO_2	10.23	8.69	9.45	7.76	8.01	10.46	10.03	10.58	7.66

注：—代表无数据。

也高于惰质组（21.6）和壳质组（16.3%），但却表现出 CH_4 含量显著高于 CO_2，添加 H3 的 4 个产气瓶所产气体组分中 CH_4 和 CO_2 的含量与这种规律有相符之处，H3 中的腐殖组含量（63.4%）高于惰质组（16.8%）和稳定组（19.9%），前 60d 的产气过程中，生物气组分中的 CO_2 含量总体比 CH_4 高。可见，显微组分是影响两者含量变化的重要因素之一，但并不是在所有的情况下均能决定两者含量的变化，其中，产气方式、细菌的数量和活性、降解阶段也是不可忽视的重要因素，上述 CH_4 和 CO_2 的含量在 90d 内的变化规律可能主要是显微组分、产气方式、细菌的数量和活性、降解阶段这 4 方面的相互牵制作用导致的。

值得注意的是，90d 的产气过程中 CH_4 和 CO_2 含量变化的同步效应说明，生物气产出的方式以乙酸发酵为主，如果以 CO_2 还原为主将会导致生物气组分中 CO_2 含量显著下降，CH_4 含量明显上升，那么两者的同步变化规律将不会出现。

前人研究表明，自然界中形成生物气中的 CH_4 以富含 ^{12}C 为重要标志，其碳同位素 $\delta^{13}C_1$ 值一般介于−50‰～−100‰，多数位于−55‰～−80‰范围内，小于−55‰已经得到广泛的认可（Kotarba and Rice，2001；陶明信等，2005；Carol and Tim，2008；王爱宽，2010；陶明信等，2014）。另外，实验室模拟生化 CH_4 的产出过程由于操作过程复杂可变，以及实验模拟时间较短，煤样微生物作用程度的差异性等因素存在，可能会导致模拟产出的生物气同位素值与自然界有所不同。本次生物气模拟产出气体组分中 CH_4 和 CO_2 碳氢同位素测试结果见表 3-6。

表 3-6　生物气组分中 CH_4 和 CO_2 碳氢同位素测试结果

产气瓶编号（检测时间点）	δD_{SMOW}/‰	$\delta^{13}C_{PDB}$/‰	
	CH_4	CH_4	CO_2
H1-30（30d）	−332	−56.6	−18.9
H1-50（50d）	−353	−57.4	−20.8
H1-70（70d）	−344	−67.2	−10.7
H1-90（90d）	−354	−56.9	−20.2
H3-30（30d）	−337	−56.5	−18.2
H3-50（50d）	−350	−56.9	−19.1
H3-70（70d）	−347	−56.5	−19.0
H3-90（90d）	−356	−62.0	−18.1
CY-30（30d）	−336	−57.4	−17.1
CY-50（50d）	−361	−66.4	−12.2
CY-70（70d）	−350	−68.1	−11.4
CY-90（90d）	−356	−69.8	−10.8

实验结果显示，$\delta^{13}C_1$ 值介于-69.8‰～-56.5‰，平均为-60.98‰；CO_2 的 $\delta^{13}C_{(CO_2)}$ 值介于-20.8‰～-10.7‰，平均为-16.38‰（表 3-6）。可见实验模拟的 $\delta^{13}C_1$ 值具有典型的生物气特征，其中，添加 H1 的 4 个产气瓶中产出生物气的 $\delta^{13}C_1$ 值介于-67.2‰～-56.6‰，平均为-59.53‰；添加 H3 的 4 个产气瓶中产出生物气的 $\delta^{13}C_1$ 值介于-62.0‰～-56.5‰，平均为-57.98‰；添加 CY 的 4 个产气瓶中产出生物气的 $\delta^{13}C_1$ 值介于-69.8‰～-57.4‰，平均为-65.43‰。明显添加 H3 的 4 个产气瓶中产出生物气的 $\delta^{13}C_1$ 值略有偏重，而添加 CY 的 $\delta^{13}C_1$ 值偏轻。此现象可能与煤岩显微组分化学结构和降解的程度有关，但具体原因需要进一步深入研究。

如图 3-15（a）所示，δD_1 值随着微生物作用产气时间的延长有总体变轻的趋势。值得关注的是，前人研究表明自然界中以 CO_2 还原方式生成的 CH_4 的 δD_1 值大多位于-250‰～-200‰范围内（Smith and Pallasser，1996；Kotarba and Rice，2001；Carol and Tim，2008；王爱宽，2010；陶明信等，2014），而本次实验 CH_4 的 δD_1 值介于-361‰～-332‰，平均为-348‰（表 3-6），明显有偏轻的趋势，这也间接证实本次实验生化 CH_4 的生成方式主要以乙酸发酵为主，这使得整体 CH_4 氢同位素富氘。如图 3-15（b）所示，随着生物降解产气时间的延长，产出的 CH_4 总体有富集轻碳同位素的趋势，而 CO_2 有富集重碳同位素的趋势，而且 CH_4 和 CO_2 的 $\delta^{13}C$ 值呈现了明显的镜像关系。钱贻伯等（1998）的研究表明，生化 CH_4 随着发酵时间的延续，总体表现出富集 ^{12}C，$\delta^{13}C_1$ 值有逐渐变轻的趋势。该结论与本书生物气实验结果一致，但对于生物气模拟中 $\delta^{13}C_1$ 值随着微生物作用时间的延续具有变轻趋势的现象并没有给出合理的解释。

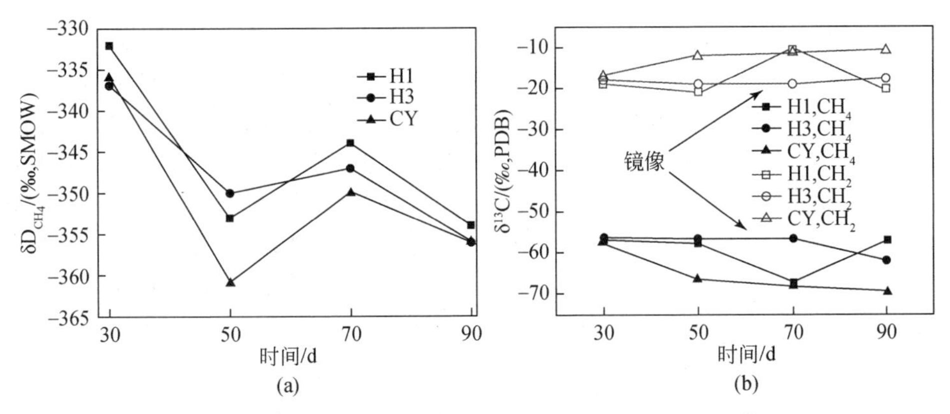

图 3-15 生物气组分中 CH_4 和 CO_2 碳氢同位素组成变化趋势

产出气中 CH_4 的碳同位素随着微生物作用时间的延长变得越来越轻，相反 CO_2 的碳同位素却表现出越来越重，这说明两者之间随着降解时间的延长呈现了明显的负相关性（图 3-16）。究其原因，这应与继承性的同位素分馏效应有关。

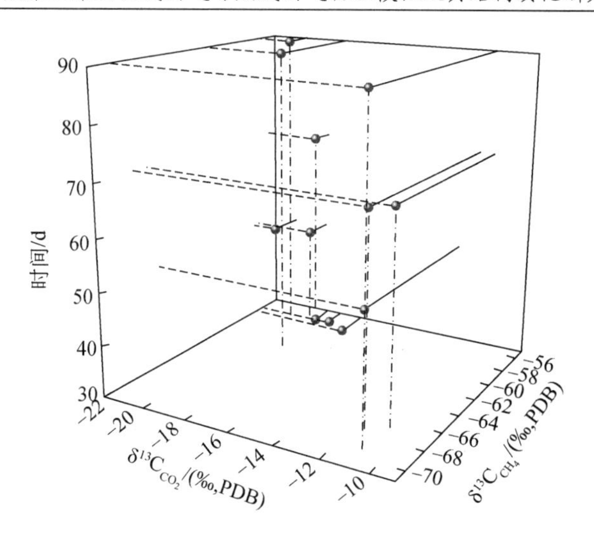

图 3-16　$\delta^{13}C_{CH_4}$、$\delta^{13}C_{CO_2}$和产气时间三者之间的关系

有机质中由于化学结构具有差异性，其碳同位素组成也是不均匀的，III型母质含有较多的芳香族物质和相当数量的不同种类的官能团（侧链），其中，芳核的 ^{13}C 丰度高于类脂侧链，芳香族物质一般富含 ^{13}C，类脂物质一般富含 ^{12}C，总体的碳同位素组成具有 $\delta^{13}C_{干酪根}>\delta^{13}C_{芳香核}>\delta^{13}C_{类脂侧链}$特点（刘文汇等，1995）。从更为宏观的有机显微组分来看，煤中不同有机显微组分碳同位素组成存在差异，惰质组的芳构化程度最高，因此，碳同位素组成最重，壳质组的化学组成主要是高分子的脂肪类化合物，其碳同位素组成最轻（张殿伟等，2005）。煤中不同结构、官能团和位置的碳同位素组成受控于生物先质碳同位素组成和干酪根在形成和演化过程中的同位素分异（Galimov，1980，2006），因此，Galimov（1988）和 James（1990）强调天然气的生成和同位素组成对生气母质和干酪根具有继承效应，而这种继承效应在生物降解产出生物气中同样适用，但首先要厘清有机组分中具体结构的同位素组成的轻重，这可借助于经热力分解产物的同位素组成来反映，据此可利用 Urey（1947）的同位素形成分配函数比（即 β 因子）来进行探讨，β 因子（$\beta\delta^{13}C$）的值与重同位素的浓度成正比，其值越大，对应结构的同位素组成就越重，具体的计算方程如下（Galimov，1981）：

$$\beta=\prod_{i}^{3n-6}\frac{v_i^{*}\exp\left(-\dfrac{hv_i^{*}}{2kT}\right)\left[1-\exp\left(\dfrac{hv_i}{kT}\right)\right]}{v_i\exp\left(-\dfrac{hv_i}{2kT}\right)\left[1-\exp\left(\dfrac{hv_i^{*}}{kT}\right)\right]} \tag{3-3}$$

式中，v_i^{*} 和 v_i 为同位素种类的振荡频率（*代表重同位素）；h 为布朗克常数；k 为玻尔兹曼常数；T 为绝对温度，K；n 为分子中的原子数。但要认识到，由于有机物本身结构具有复杂性，β 因子的精确计算不可实现，但可根据此方程估算出某个分子结构的相对大小。表3-7列出了相关组分一些结构的碳原子的 β 因子（$\beta\delta^{13}C$）的值。

表 3-7 有机组分中碳原子 β 因子（$\beta\delta^{13}C$）的值

结构名称	基团结构式	$\beta\delta^{13}C$
甲基	$—CH_3$	1.131
腈	—C≡N	1.137
甲氧基	$—OCH_3$	1.141
亚甲基	$—CH_2—$	1.149
次甲基	>CH—	1.166
氨基	>CH—N	1.172
酚	≥C—OH	1.179
羰基	>C=O	1.187
羧基	—COOH	1.197

注：表中数据引自 Galimov（1981）。

由表 3-7 可见，β 因子（$\beta\delta^{13}C$）依次按照甲基、腈、甲氧基、亚甲基、次甲基、氨基、酚、羰基、羧基的顺序增大，碳同位素组成也依次按照这个顺序变重。如此，产出气体同位素组成将会体现出对母质的继承效应。

一方面，微生物作用和降解的主要对象是侧链结构，这些类脂侧链具有明显的较轻的碳同位素组成，这可以说明 $\delta^{13}C_{CH_4}$ 偏轻的原因；另一方面，同位素形成分配函数比（即 β 因子）与重同位素的浓度成正比，其值越大，对应结构的同位素组成就越重，而天然的固体有机母质中甲基碳原子 β 因子（$\beta\delta^{13}C$）的值明显小于羧基（Galimov，1981），可见有机母质本身甲基碳同位素组成偏轻，而羧基碳同位素组成偏重。本次生物气产出的方式以乙酸发酵为主，发酵过程中通过甲基加氢而形成 CH_4，羧基去氢形成 CO_2，如此按照 1∶1 的方式轻碳同位素被分馏到 CH_4 中，重碳同位素被分馏到 CO_2 中，生化 CH_4 越是富集 ^{12}C，$\delta^{13}C_{CH_4}$ 越轻，越是会导致 CO_2 富集重碳同位素，$\delta^{13}C_{CO_2}$ 变重，其结果就是生物产出气中 CH_4 总体有富集轻碳同位素的趋势。

3.4 氯仿沥青“A”及族组分分析

原煤样和微生物作用后煤样的氯仿沥青“A”和族组分含量测试均在中国石油勘探开发研究院完成，采用棒式色谱分析仪（MK-6S），测试温度为 15℃，湿度为

10%，其中，氯仿沥青“A”测定执行《岩石中氯仿沥青的测定》（SY/T 5118—2005）标准，族组分棒薄层火焰离子化分析执行《岩石中可溶有机物及原油族组分分析》（SY/T 5119—2016）标准，本次测试的所有煤样重均为23g。

岩石中总的有机质分为溶于常用有机溶剂的可溶有机质（沥青部分）和不溶有机质。沥青是由碳氢化学物及非金属衍生物构成的一种高分子复杂混合物，氯仿沥青“A”是通过有机溶剂氯仿（三氯甲烷）抽提出来的可溶有机质，属于非结合沥青，也即游离沥青；可反映岩石中本身存在的有机质数量和生油气的能力。除此之外，还有沥青“B”（热解沥青）和沥青“C”（束缚沥青）（卢双舫和张敏，2007）。早期的研究中将氯仿沥青分为油质、胶质、沥青质三种，但近年的研究中通常分为饱和烃、芳香烃、非烃、沥青质，其中，油质的主要成分就是饱和烃和芳香烃，而胶质也称为非烃。饱和烃也称烷烃，指碳碳间、碳氢间均以单键相连的碳氢化合物，芳香烃通常指分子中含有苯环结构的碳氢化合物，非烃是含S、N、O等的复杂的含碳化合物，沥青质一般具有较大的相对分子质量，由稠环芳香烃和烷基侧链组成复杂结构，组成中常见缩合环烷结构和缩合芳香结构。

表3-8为生物作用降解后煤样中氯仿沥青“A”和族组分含量测试结果，煤样（包括原煤样和微生物作用降解后的煤样）中氯仿沥青“A”含量范围分别为，H1介于1.08%～1.62%，H3介于1.09%～1.30%，CY介于0.94%～1.35%，可见原煤样和生物降解煤样中的氯仿沥青“A”含量变化不大，但有规律可循，如图3-17所示，3个煤样的氯仿沥青“A”含量具有相同的演变趋势，随着微生物作用降解时间的延长（0～90d），呈现先下降后上升再下降的趋势，3个煤样前期均下降至30d后逐渐上升，其中，H1和H3缓慢上升至70d再次下降，而CY相对以较快的速度上升至50d再次迅速下降。

表3-8 煤样中氯仿沥青“A”及族组分含量测试结果

编号	微生物作用时间/d	氯仿沥青“A”/%	饱和烃/%	芳香烃/%	非烃/%	沥青质/%	饱和烃/芳香烃
H1-0	0	1.62	2.04	14.10	52.21	31.66	0.14
H1-30	30	1.32	2.66	15.80	51.25	30.29	0.17
H1-50	50	1.38	2.35	19.23	52.53	25.89	0.12
H1-70	70	1.40	1.93	13.76	47.82	36.49	0.14
H1-90	90	1.08	1.47	9.89	45.83	42.54	0.15
H3-0	0	1.21	4.27	5.32	69.24	21.17	0.80
H3-30	30	1.14	4.24	5.36	78.26	12.14	0.79
H3-50	50	1.20	4.27	5.99	78.18	11.56	0.71
H3-70	70	1.30	3.78	3.92	74.02	18.28	0.96

续表

编号	微生物作用时间/d	氯仿沥青"A"/%	饱和烃/%	芳香烃/%	非烃/%	沥青质/%	饱和烃/芳香烃
H3-90	90	1.09	6.04	3.42	68.31	22.23	1.77
CY-0	0	1.26	10.08	21.00	36.37	32.55	0.48
CY-30	30	1.05	18.57	26.96	36.66	17.82	0.69
CY-50	50	1.35	11.46	26.01	31.65	30.88	0.44
CY-70	70	1.14	12.62	39.01	31.38	17.00	0.32
CY-90	90	0.94	16.09	40.69	29.72	13.50	0.40

注：编号 H1-0、H3-0、CY-0 代表未降解煤样（原煤）。

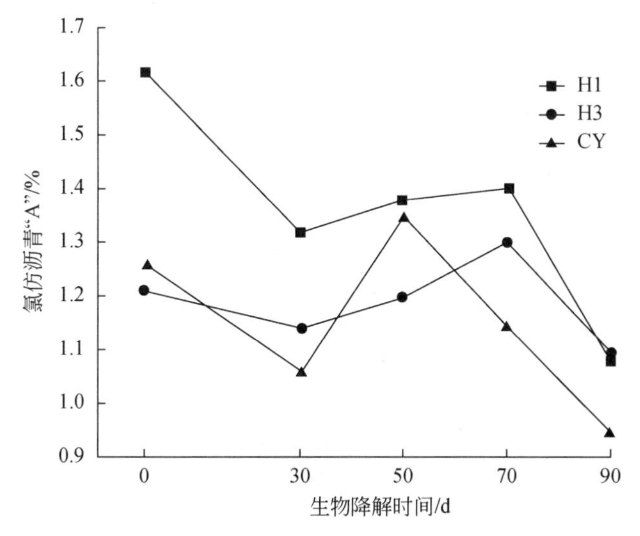

图 3-17 氯仿沥青"A"含量随微生物作用降解时间的变化趋势

可以推断，微生物首先以降解煤中的可溶有机质为主（不排除降解不溶有机质），使得氯仿沥青"A"含量在 0～30d 范围内降低，30d 以后再逐渐降解煤中相当数量的不溶有机质，这些不溶有机质被生物分解为可溶性的分子量较小的有机质，使得氯仿沥青"A"含量有所上升，之后又再次被微生物消耗，这会导致氯仿沥青"A"族组分含量可变性增大。结合表 3-8 和图 3-18，0～90d 的生物降解过程中，H1 氯仿沥青"A"族组分中饱和烃和芳香烃含量分别介于 1.47%～2.66%和 9.89%～19.23%，两者均表现出略有增加后逐渐减少的趋势，非烃含量介于 45.83%～52.53%，总体有略微减少的趋势，沥青质含量介于 25.89%～42.54%，表现为先减小后增大的趋势，饱和烃/芳香烃呈现先增大后减少再增大的趋势； H3 饱和烃含量介于 3.78%～6.04%，变化趋势为略有减少后增大，芳香烃和非烃含量分别介于 3.42%～5.99%和 68.31%～78.26%，总体呈现先增大后减少的趋势，沥

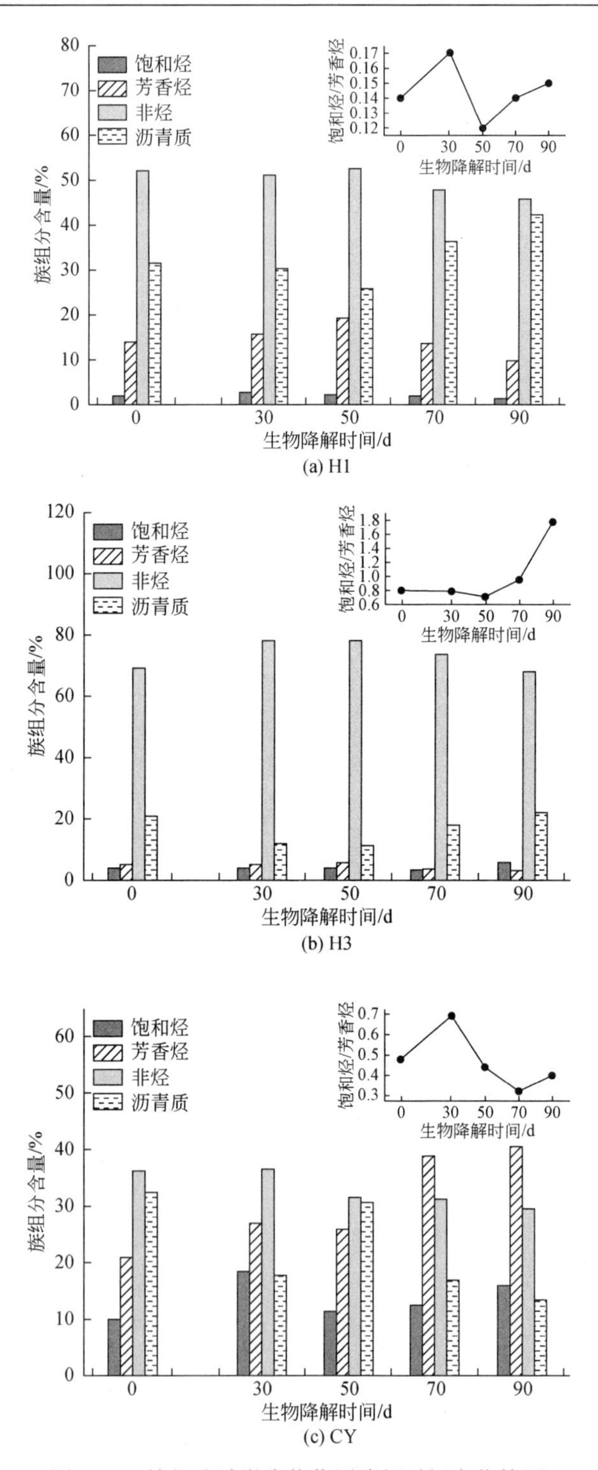

图 3-18　族组分随微生物作用降解时间变化特征

青质含量介于 11.56%～22.23%，变化趋势为先减少后逐渐增大，饱和烃/芳香烃呈现先减少再增大的趋势；CY 饱和烃和芳香烃含量分别介于 10.08%～18.57%和 21.00%～40.69%，两者均表现出先增大后减少再增大的趋势，非烃含量介于 29.72%～36.66%，总体有减少趋势，沥青质含量介于 13.50%～32.55%，显示出先减小后增大再减少的趋势，饱和烃/芳香烃变化的总体趋势与 H1 的相同。

王万春等（2016）的研究表明，沉积有机质中较高的可溶有机质含量是微生物活动和降解原始沉积有机质的产物。结合本次的实验结果可知，煤中的不溶有机质可能也参与了微生物的降解，甚至存在微生物作用降解过程中族组分之间的转化（如富含稠环芳香烃和烷基侧链的沥青质由于生物降解而形成芳香烃或者饱和烃），这些将导致氯仿沥青“A”各族组分含量复杂多变，从而才出现上述族组分变化的不规律性，同时体现出“多元化”的微生物作用方式。

3.5　生物气成因综合分析

在次生生物成因煤层气判识方面，前人大多借助于天然气的组分和碳氢同位素组成进行判识，但由于地质历史时期煤层气同位素客观分馏存在，次生生物成因煤层气形成过程中就已经改变了煤层气的组分和同位素组成，因此，这种判识方法会在一定程度上失真。基于此，本节将通过对微生物作用降解残留煤样开展氯仿沥青“A”色谱分析和饱和烃色谱-质谱分析等一系列有机地球化学分析，从残留煤样有机质中的生物标志化合物的角度寻找生物成因煤层气形成过程中的一些标志性特征，以期进行成因的综合识别。

3.5.1　基于产出气体碳氢同位素组成的成因判识

产出气中 CH_4 和 CO_2 的碳氢同位素组成特征可用来判识气源的成因，前文已经对 CH_4 的碳和氢同位素做了较为详细的介绍，而对自然界中 CO_2 的碳同位素组成涉及较少，CO_2 作为煤层气中常见的组分，其 $\delta^{13}C_{(CO_2)}$ 值分布范围很宽，一般为-26‰～18.6‰（陶明信，2005）。戴金星（1995）的研究认为，自然界中有机成因 CO_2 的 $\delta^{13}C_{(CO_2)}$ 值小于-10‰，而无机成因 CO_2 的 $\delta^{13}C_{(CO_2)}$ 值大于-8‰。本次生物气模拟的 $\delta^{13}C_{(CO_2)}$ 值介于-20.8‰～-10.7‰，均小于-10‰，由此判断生物气模拟中形成的 CO_2 为有机成因气。前人常用 $\delta^{13}C_1$-δD_1 和 $\delta^{13}C_1$-$\delta^{13}C_{(CO_2)}$ 两个成因判识模板结合的方式识别气源的成因，本次产出气判识的结果如图 3-19 所示，可以判定是由乙酸发酵方式形成的生物气。

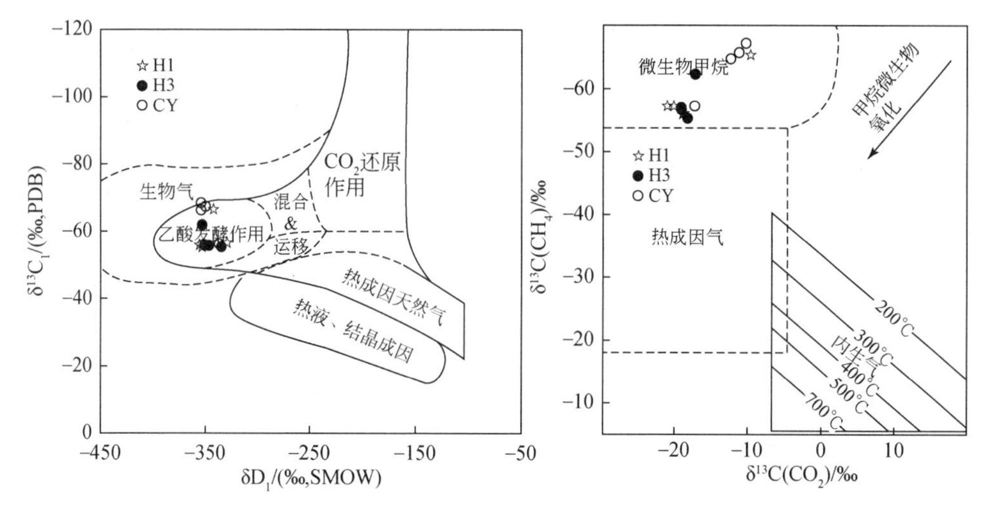

图 3-19 模拟产出生物气成因碳氢同位素判识（引自 Kotarba and Rice，2001）

3.5.2 煤岩生物降解的生物标志化合物证据

油气地球化学中广泛应用的生物标志化合物包括正构烷烃、异构烷烃［应用较多的为无环类异戊二烯烷烃中的植烷（Ph）和姥鲛烷（Pr）系列］，以及萜烷和甾烷系列。近 20 年来，生物标志化合物广泛应用于油气生成的沉积环境判识、母源鉴定、有机质类型及成熟度判定等诸多方面（傅家谟等，1991；Peters and Moldowan，1993；Geoffrey et al.，1995；Anja and Wolfgang，1997；彭兴芳和李周波，2006；徐耀辉，2006；刘全有和刘文汇，2007；魏建设等，2011）。

值得提及的是，生物标志化合物作为煤岩生物降解的有利证据，前人对其研究相对较少，其中较有代表性的有，Stefanova（2000）在煤岩中发现了 C_{38}～C_{40} 长链头-头连接的不规则类异戊二烯，并认为是厌氧甲烷菌的标志化合物。Ahmed 和 Smith（2001）发现了澳大利亚悉尼和鲍恩盆地二叠纪煤岩中能够反映细菌降解的生物标志化合物。王万春等（2006）针对沁水盆地李雅庄煤矿中等变质程度煤岩（R_o 为 0.92%）开展了饱和烃生物标志化合物研究，检出了丰富的 C_{25}、C_{30} 无环异戊二烯烷烃，以及头-头连接的长链无环类异戊二烯烷烃（C_{34}～C_{39}）等具有甲烷菌的特征标志化合物，确定成煤作用后期煤岩遭受过甲烷菌的降解，结合煤岩热演化程度，判定该煤层中所产出的煤层气为次生生物成因；此外，刘全有和刘文汇（2007）通过分离塔里木盆地侏罗系低成熟度煤岩（R_o 为 0.4%）显微组分，对各个显微组分中可溶有机质生物标志化合物进行了更为详细的研究，结果显示，在正构烷烃、类异戊二烯烷烃、萜烷和甾烷系列中均检出反映煤岩曾经遭受生物降解的生物标志化合物，尤其是三环二萜和四环二萜烷的检出直接证明了

表 3-9 氯仿沥青“A”中正构烷烃各碳数含量（%）

编号	C_{13}	C_{14}	C_{15}	C_{16}	C_{17}	C_{18}	C_{19}	C_{20}	C_{21}	C_{22}	C_{23}	C_{24}	C_{25}	C_{26}	C_{27}	C_{28}
H1-0	1.57	0.98	1.47	5.24	32.62	2.20	1.81	3.36	12.29	4.65	19.78	6.53	1.30	2.72	0.27	0.03
H1-30	1.46	0.75	6.23	5.31	31.19	2.36	1.74	2.71	13.19	4.44	19.63	4.95	1.22	1.77	0.18	0.02
H1-50	1.07	0.62	5.45	4.52	29.65	2.30	1.60	2.78	16.68	4.89	17.93	5.41	1.94	1.86	0.19	0.02
H1-70	1.27	0.80	5.86	4.73	29.72	1.26	1.52	1.83	16.43	4.79	16.65	5.44	1.21	2.08	0.17	0.01
H1-90	1.20	0.73	5.95	4.78	31.74	2.00	1.53	3.01	18.27	5.92	12.01	6.28	1.02	1.97	0.20	0.02
H3-0	0.18	0.29	2.86	4.69	39.62	1.24	9.22	5.27	14.14	10.88	5.38	1.60	1.45	0.14	0.01	0.01
H3-30	—	—	1.86	3.32	34.70	1.83	9.31	4.40	15.30	10.43	5.78	1.96	5.78	0.58	0.06	0.04
H3-50	—	0.10	0.38	1.85	14.64	1.96	7.87	6.47	11.08	9.07	1.66	8.67	26.31	4.26	0.43	0.04
H3-70	—	0.35	1.35	2.11	18.04	1.00	6.01	4.53	9.85	8.04	3.07	8.17	31.09	3.11	0.31	0.03
H3-90	—	—	0.58	1.45	17.64	0.75	5.22	2.86	9.57	6.83	3.69	8.61	39.93	0.40	0.04	0.01
CY-0	2.22	1.04	2.16	7.78	4.65	8.15	7.78	8.70	10.98	9.92	2.02	3.87	7.88	2.26	2.28	0.23
CY-30	0.32	3.57	13.91	7.20	7.00	6.54	5.61	6.30	8.05	7.10	9.88	4.76	5.36	1.62	1.65	0.16
CY-50	1.63	2.25	6.73	10.15	4.95	7.47	6.84	7.83	9.39	8.99	1.79	6.18	7.19	2.10	1.98	0.20
CY-70	2.69	0.83	1.59	1.92	3.37	7.50	7.02	8.13	9.90	9.71	13.82	6.79	6.70	2.40	2.24	0.22
CY-90	1.38	0.78	2.03	4.98	1.93	8.10	7.55	8.75	8.52	10.07	14.14	6.89	4.51	2.33	2.01	0.20

注：一代表含量很小，无数据。

成岩早期具有微生物发育的痕迹，并发现了具有细菌成因的 C_{32}～C_{34} 苯并藿烷系列化合物，认为惰质组中的正构烷烃优先降解，其次为腐殖组，最后为稳定组，可见通过对煤岩中可溶有机质生物标志化合物进行检测分析能够佐证煤层气的成因类型。

原煤样和降解残留煤样的氯仿沥青全“A”色谱分析在中国石油勘探开发研究院完成。仪器型号为 HP-7890GC，执行《石油和沉积有机质烃类气相色谱分析方法》（SY/T 5779—2008）标准，色谱柱为弹性石英毛细柱 HP-1，长 30m，内径 0.25mm，采用氢火焰离子化检测器（320℃），汽化室的温度为 310℃，柱温 80～310℃，速率为 6℃/分，所载气体为 N_2。

氯仿沥青“A”色谱检测出的碳数范围为 C_{13}～C_{28}（表 3-9），其中，OEP 为碳奇偶优势指数，用来判定正构烷烃奇偶优势，当 OEP 值>1.0 时表现出奇碳优势，当 OEP 值<1.0 时具有偶碳优势。待检煤样绝大部分显示出 OEP 值>1.0（除了 CY-50）（表 3-10），具有明显的奇碳优势，说明短时间内的微生物作用对烷烃碳偶碳优势影响有限，同时这种奇碳分布的形式有利于生物的降解，因为生物主要降解正构烷烃中长链的奇碳（Allen et al.，1971；Cranwell et al.，1987；Otto et al.，1995；刘全有和刘文汇，2007），也反映出母源中有陆源高等植物的输入，这是由于高等植物来源的烷烃奇偶优势比较明显（Hunt，1979； Tissot and Welte，1978；刘全有和刘文汇，2007）。

表 3-10　氯仿沥青“A”色谱分析结果

编号	OEP	Pr/%	Ph/%	Pr/Ph	$\Sigma nC_{21}^{-}/\Sigma nC_{22}^{+}$	Pr/nC_{17}	Ph/nC_{18}
H1-0	6.69	1.77	1.41	1.26	1.74	0.05	0.64
H1-30	6.36	1.43	1.42	1.01	2.02	0.05	0.60
H1-50	6.78	1.76	1.34	1.32	2.01	0.06	0.58
H1-70	7.74	1.81	1.08	1.68	0.99	0.06	0.86
H1-90	7.30	2.23	0.84	2.67	2.50	0.07	0.42
H3-0	10.52	0.96	2.04	0.47	3.98	0.02	1.65
H3-30	10.65	1.65	3.01	0.55	2.87	0.05	1.65
H3-50	3.09	0.57	4.63	0.12	0.88	0.04	2.36
H3-70	4.21	0.75	2.18	0.34	0.80	0.04	2.18
H3-90	6.75	0.77	1.64	0.47	0.64	0.04	2.19
CY-0	1.02	17.06	1.01	16.84	1.88	3.67	0.12
CY-30	2.11	9.72	1.24	7.82	1.92	1.39	0.19
CY-50	0.66	13.35	0.97	13.75	2.01	2.70	0.13
CY-70	1.51	14.40	0.78	18.53	1.03	4.27	0.10
CY-90	1.44	15.11	0.74	20.55	1.10	7.84	0.09

由藻类形成的正构烷烃碳数范围一般介于 C_{14}～C_{32}，并且通常存在 C_{15} 和 C_{17} 的优势（卢双舫和张敏，2007），而原褐煤煤样 H1 和 H3 碳数分布范围在 C_{13}～C_{28}，且存在 C_{17} 优势（表 3-9 和图 3-20），同时 3 个原煤样 $\Sigma nC_{21}^{-}/\Sigma nC_{22}^{+}$ 值均大

于 1.0，这些指示着有低等的藻类等水生生物来源，综上可见，3 个煤样母源既有陆源高等植物的输入，也存在低等水生生物的输入，为混源型母源输入方式。OEP 值也可作为早期成熟度的指标，当样品未成熟时，OEP 值>1.2，但 OEP 值<1.2 时，样品不一定成熟（卢双舫和张敏，2007），由此也可以判断本次实验煤样处于未熟或低熟的状态。

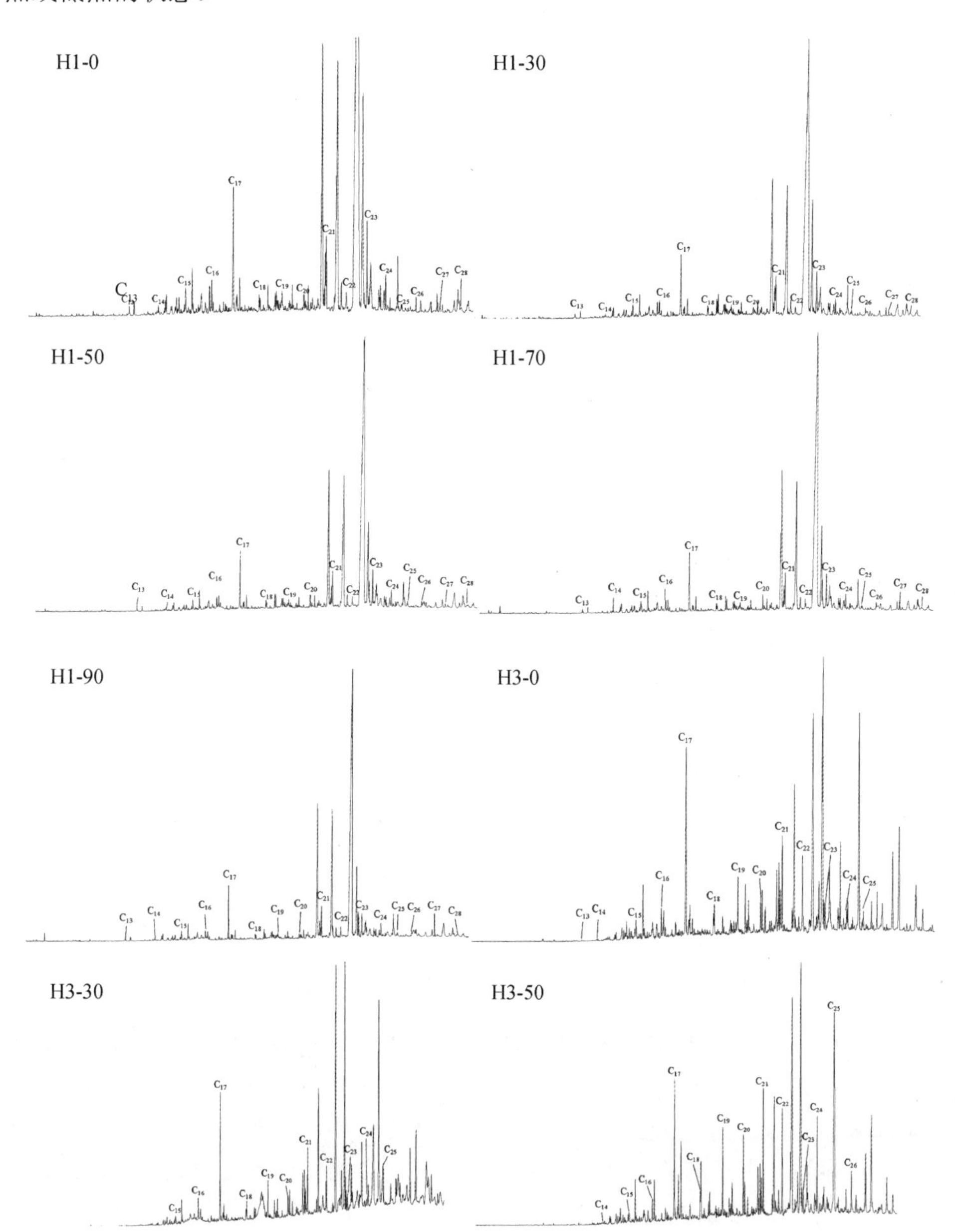

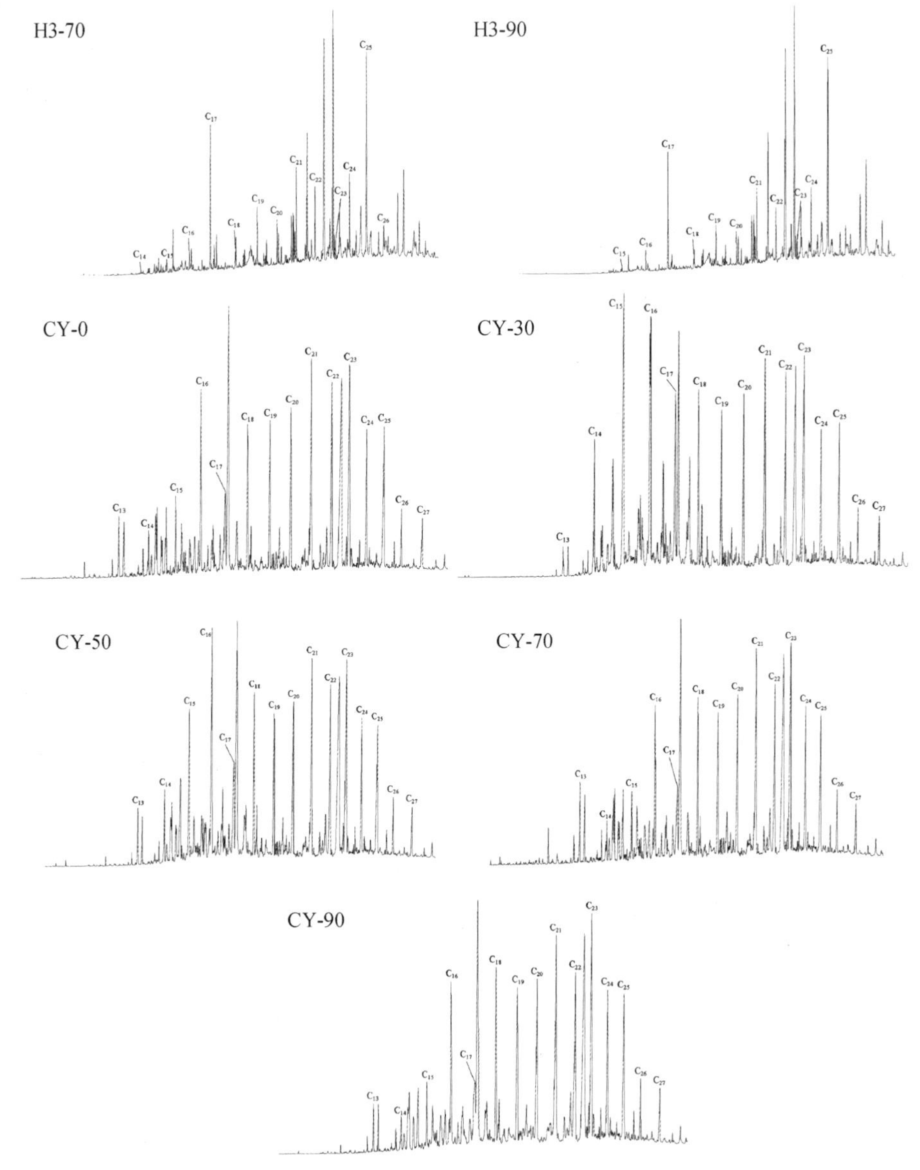

图 3-20 氯仿沥青“A”色谱中的正构烷烃分布

异戊二烯（C_5-甲基丁二烯，半萜）由 5 个碳原子组成，是所有非直链生物标志化合物的基本结构单元（或称为异戊二烯亚单元），而“异戊二烯法则”指的是通过这个基本结构单元生物聚合形成的一些化合物，这些化合物也称为类异戊二烯或者萜类（卢双舫和张敏，2007）。萜类化合物结构变化较大，有环的，也有无环的，但可以依据所含的类异戊二烯亚单元近似数分为半萜（C_5）、单萜（C_{10}）、倍半萜（C_{15}）、二萜（C_{20}）等。煤抽提物的无环类异戊二烯烷烃中分布最多的是规则的（头-尾连接）类异戊二烯化合物，如具有头-尾连接方式的姥鲛烷（Pr）、植烷（Ph）、法尼烷（C_{15}）等（傅家谟等，1990）。Chaffee 等（1986）曾研究表明，煤中头-头连接（不规则）长链类异戊二烯烷烃的前身物就可能为古细菌。

无环类异戊二烯烷烃中的姥鲛烷（Pr，iC_{19}）和植烷（Ph，iC_{20}）常用于识别氧化-还原沉积环境，姥鲛烷是在氧化条件下植烷酸脱羧基形成的，而植烷是在还原条件下植醇脱水后加氢形成的，所以可知，当 Pr/Ph<1 时，指示着还原性的沉积环境；当 Pr/Ph>1 时，指示着氧化性的沉积环境（Powell and Mckirdy，1973；Didyk et al.，1978；傅家谟等，1991）。更进一步的研究表明，Pr/Ph<0.5 反映强还原性膏盐沉积环境（Haven et al.，1987），Pr/Ph 介于 0.5～1.0 为还原环境，Pr/Ph 介于 1.0～2.0 为弱还原-弱氧化环境，Pr/Ph>2 为偏氧化的环境（卢双舫和张敏，2007）。Peters 等（2005）的研究表明，生油门限内，如果具有较高的 Pr/Ph 值(>3.0)，可反映氧化条件下存在陆源有机质的输入。

H1 的原煤样和降解残留煤样 Pr/Ph 值介于 1.01～2.67，H3 的介于 0.12～0.55，CY 的介于 7.82～20.55（表 3-10）。H1 的原始沉积环境和在生物降解实验过程中总体表现出弱还原-弱氧化环境，H3 反映出强还原性的沉积环境，CY 则为偏氧化的环境。在 90d 生物降解过程中，三种煤样的姥鲛烷（Pr）和植烷（Ph）具有大致相同的演变轨迹，Pr 值总体表现出先下降后上升的趋势，与之相比，Ph 值刚好大致相反，表现出先上升后下降的趋势，Pr/Ph 值则总体呈现出先下降后上升的演化轨迹，且三者的拐点均出现在 30～50d 的范围内（图 3-21），这说明初期阶段的微生物更容易对姥鲛烷进行降解代谢，50d 以后则对植烷表现出更强的降解作用。

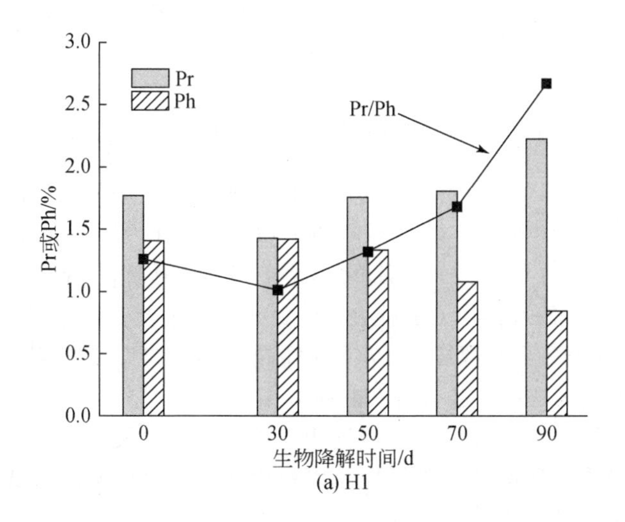

(a) H1

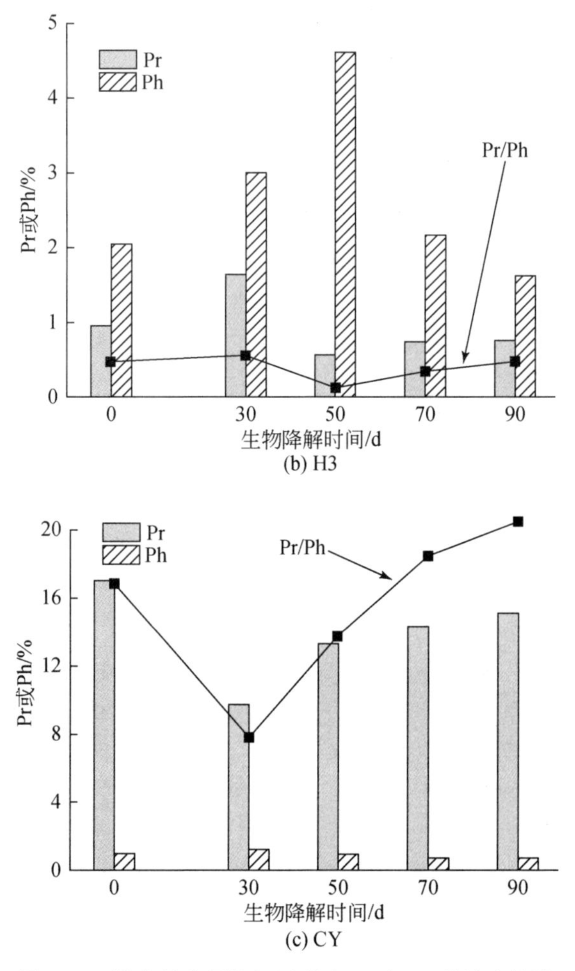

图 3-21 微生物作用降解过程中 Pr 和 Ph 的演变轨迹

前人的研究表明，正构烷烃系列在生物降解过程中最易发生降解，然后依次是无环异戊二烯烷烃、萜烷、甾烷等（Chosson et al.，1992；Peters and Moldowan，1993；刘全有和刘文汇，2007）。H1 的原煤样和生物降解样 Pr/nC_{17} 值介于 0.05～0.07；H3 的介于 0.02～0.04；CY 的介于 1.39～7.84（表 3-10），三者 70d 以后降解样的 Pr/nC_{17} 值均高于原煤样，Pr/nC_{17} 值后期有总体增大的趋势，表现出细菌对正构烷烃的降解能力更强，这与前人的研究结果相符，但三者的 Ph/nC_{18} 值均存在增大后减小的阶段性变化趋势，可能说明后期异构烷烃发生降解，或者与微生物主要降解长链形成低碳数的正构烷烃，以及“多元化”的降解方式有关，相比于 nC_{17}，生物降解过程中较易生成 nC_{18}。

结合图 3-20、表 3-9 和表 3-10 可以看出，在正构烷烃分布中，原煤样中 H1 和 H3 均呈现“双峰”分布特征，主峰碳分别为 nC_{17} 和 nC_{23}、nC_{17} 和 nC_{21}，$\Sigma nC_{21}^{-}/\Sigma nC_{22}^{+}$

值分别为 1.74 和 3.98，两者均表现出前锋大于后峰，特别是 H3 表现尤为突出，反映出原始沉积环境中 H3 发生生物降解的作用更强。刘全有和刘文汇（2007）具有相同的看法，认为低成熟度煤岩（R_o 为 0.4%）中惰质组之所以有较高的 $\Sigma nC_{21}^{-}/\Sigma nC_{22}^{+}$ 值，与生物降解作用密切相关。CY 原煤样显示出均衡正构烷烃碳分布特征，呈现总体“双峰”分布特征，主峰碳为 nC_{21} 和 nC_{25}，$\Sigma nC_{21}^{-}/\Sigma nC_{22}^{+}$ 值为 1.88，前锋略大于后峰，加之具有偏氧化的原始沉积环境，生物降解作用相对弱一些（图 3-20）。这些特征说明这些低煤级煤的正构烷烃在原始沉积环境中曾遭遇过细菌微生物的降解作用。

在 90d 的微生物作用过程中，由于存在“多元化”微生物作用方式，各碳数正构烷烃含量的变化规律复杂多变，但总体上仍有规律可循，分述如下（表 3-9 和图 3-22）。

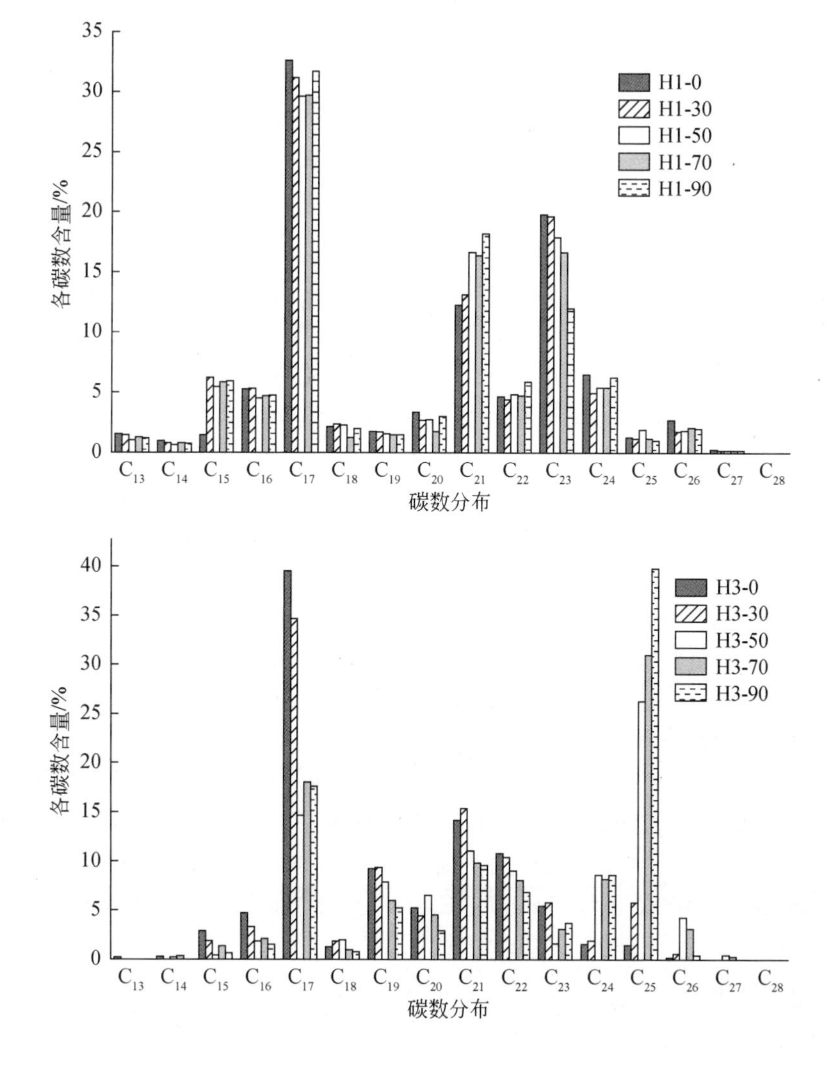

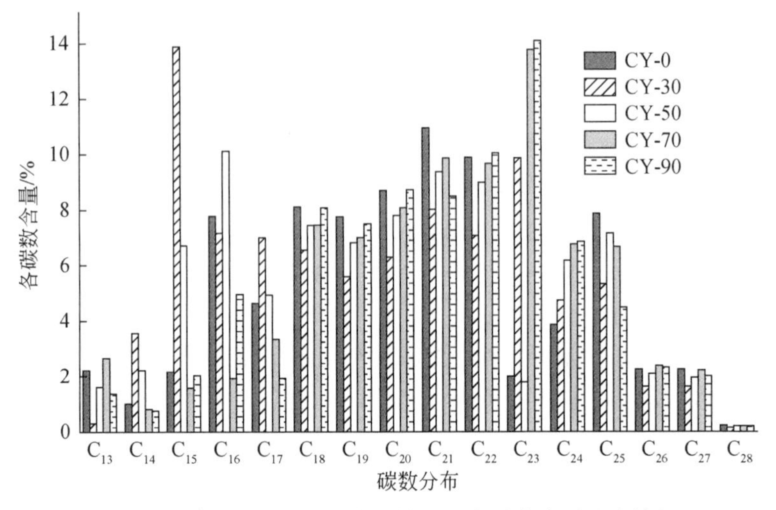

图 3-22 氯仿沥青“A”中正构烷烃各碳数含量分布特征

（1）H1：随着降解时间的延长，以 C_{20} 为界，大部分低碳数正构烷烃的含量表现出先降低后上升的趋势，C_{21}～C_{22} 含量总体增大，C_{23} 含量一直处于减少的趋势，C_{25}～C_{26} 含量则先减少后增大再减少。

（2）H3：随着降解时间的推移，以 C_{17} 为界，大部分低碳数正构烷烃的含量表现出先降低后上升再略有下降的趋势，C_{19}～C_{22} 含量表现为总体减少的趋势，C_{24}～C_{25} 含量则刚好相反，表现为总体增大，C_{26} 含量先增大再减少。

（3）CY：随着降解时间的延长，以 C_{17} 为界，大部分低碳数正构烷烃的含量存在先升高再降低的大致趋势，C_{18}～C_{22} 含量表现出先降低后再升高的趋势，C_{25}～C_{26} 含量则总体处于上升的趋势，C_{25}～C_{27} 含量则先减少后增大再减少。

如前所述，生物主要是降解正构烷烃中长链的奇碳形成低碳数的正构烷烃（Allen et al.，1971；Cranwell et al.，1987；Otto et al.，1995；刘全有和刘文汇，2007），因此，总是存在长链的正构烷烃被逐级降解为低碳数正构烷烃的过程，使得长链正构烷烃“波浪式”地逐级向低碳数方向偏移。在此过程中便形成了上述大部分碳数的正构烷烃含量“波浪式”升降变化规律。但要注意到，整个实验过程中各阶段煤样氯仿沥青“A”色谱峰变化不明显，也表明本次微生物作用相对较弱，煤的降解力度不大。

本次针对氯仿沥青“A”中的饱和烃开展了 *m/z*191 色谱-质谱分析（图 3-23～图 3-25），实验使用 Thermo-TraceGC U1tra-DSQⅡ型气相色谱-质谱联用仪，执行《气相色谱-质谱法测定沉积物和原油中生物标志物》（GB/T 18606—2001）标准，测试过程中 100℃恒温 5min，3℃/min 升到 320℃后保持 20min，色谱柱为 HP-5MS 弹性石英毛细柱，进样口温度为 280℃，所载气体为 99.99%的氦气，载气流速为 1ml/min。

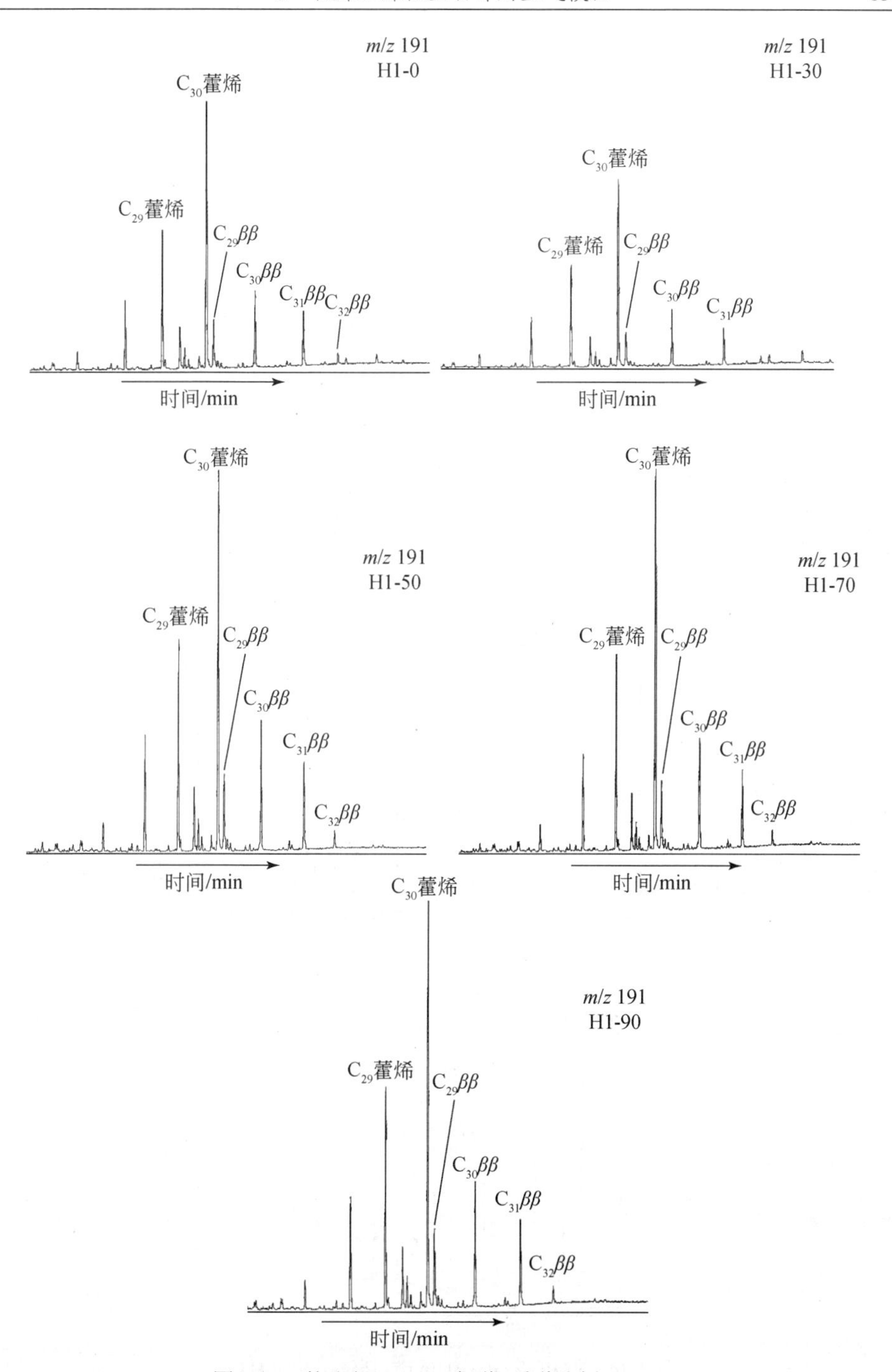

图 3-23　饱和烃 *m/z*191 色谱-质谱分析（H1）

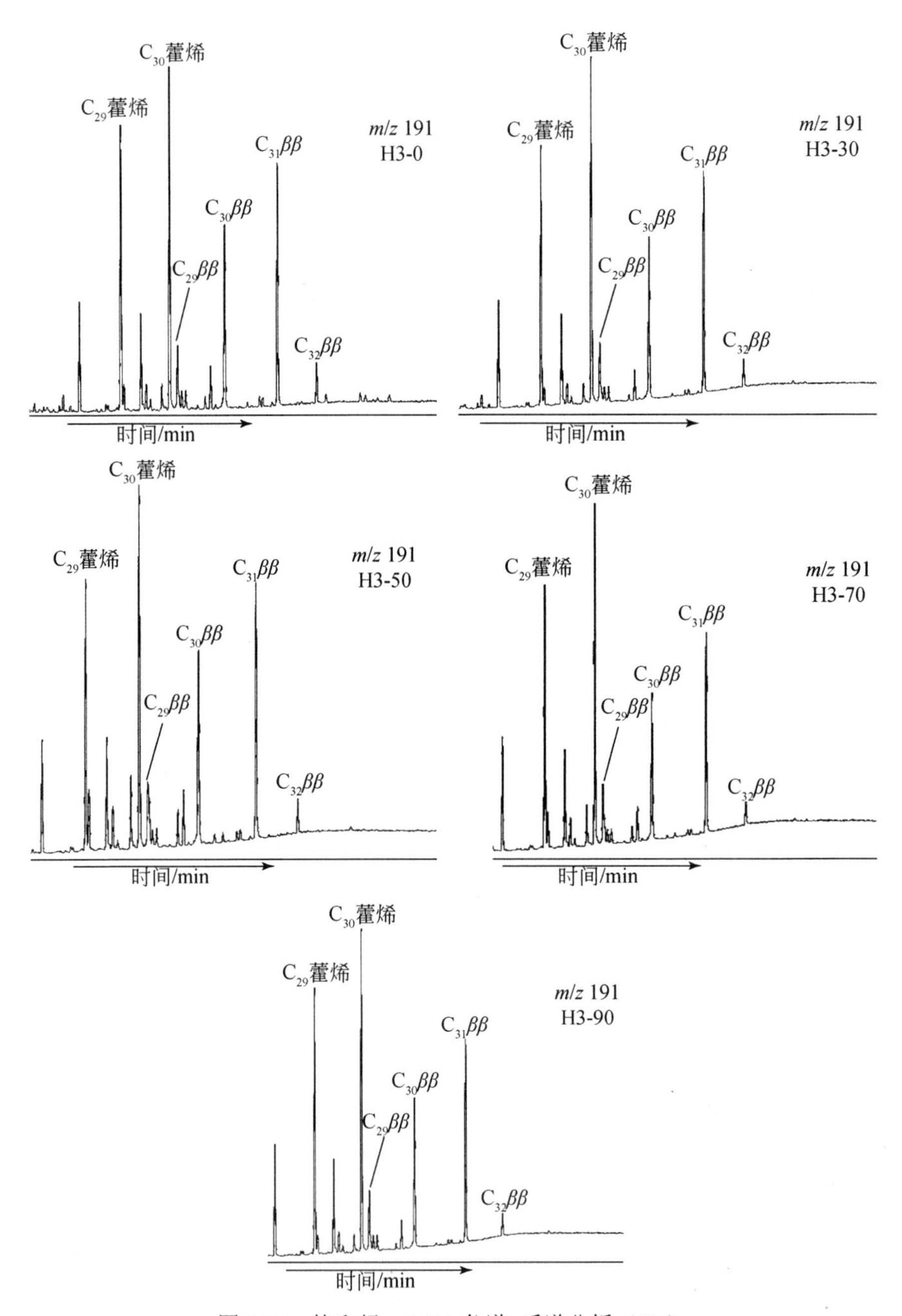

图 3-24　饱和烃 *m/z*191 色谱-质谱分析（H3）

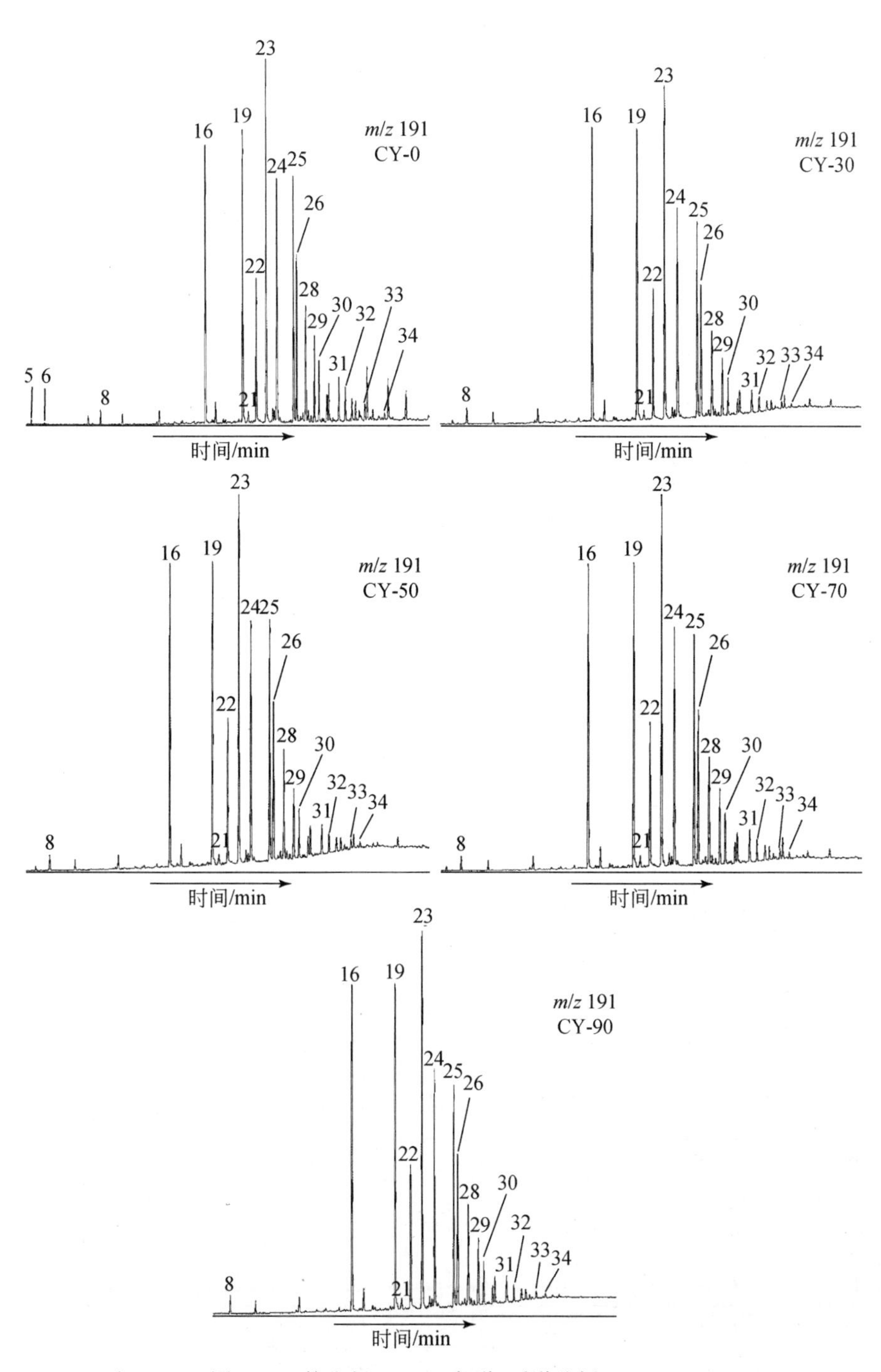

图 3-25　饱和烃 *m*/*z*191 色谱-质谱分析（CY）

质荷比（*m/z*）191 常用来检测萜类和藿烷系列生物标志化合物，各萜烷的分子式、分子量和化合物名称见表 3-11，本次煤中可溶有机质的饱和烃 *m/z*191 色谱-质谱分析结果见图 3-23～图 3-25，结果表明，H1 和 H3 原煤样和生物降解煤样中几乎均检测到 C_{29}-藿烯、C_{30}-藿烯和具有完整序列生物构型的 C_{29}～C_{32}-17*β*（*H*），21*β*（*H*）-型（*ββ* 型）的藿烷系列，在 CY 原煤煤样和生物降解煤样中依次均检测到 C_{24} 四环二萜烷、17*α*（*H*）-22，29，30-C_{27} 三降藿烷（Tm）、17*α*（*H*），21*β*（*H*）-30-C_{29} 降藿烷、17*α*（*H*）-C_{30} 重排藿烷、17*β*（*H*），21*α*（*H*）-C_{29} 降藿烷（降莫烷）、17*α*（*H*），21*β*（*H*）-C_{30} 藿烷、17*β*（*H*），21*α*（*H*）-C_{30} 藿烷（莫烷）、17*α*（*H*），21*β*（*H*）-C_{31} 藿烷（22S）、17*α*（*H*），21*β*（*H*）-C_{31} 藿烷（22*R*）、17*β*（*H*），21*α*（*H*）-C_{31} 藿烷（22*S*+22*R*）、17*α*（*H*），21*β*（*H*）-C_{32} 藿烷（22*S*）、17*α*（*H*），21*β*（*H*）-C_{32} 藿烷（22*R*）、17*α*（*H*），21*β*（*H*）-C_{33} 藿烷（22*S*）、17*α*（*H*），21*β*（*H*）-C_{33} 藿烷（22*R*）、17*α*（*H*），21*β*（*H*）-C_{34} 藿烷（22*S*）、17*α*（*H*），21*β*（*H*）-C_{34} 藿烷（22*R*）。

表 3-11　萜烷鉴定表（*m/z* 191）

峰号	分子式	分子量	化合物名称
1	$C_{19}H_{34}$	262	13*β*（*H*），14*α*（*H*）-C_{19} 三环萜烷
2	$C_{20}H_{36}$	276	13*β*（*H*），14*α*（*H*）-C_{20} 三环萜烷
3	$C_{21}H_{38}$	290	13*β*（*H*），14*α*（*H*）-C_{21} 三环萜烷
4	$C_{22}H_{40}$	304	13*β*（*H*），14*α*（*H*）-C_{22} 三环萜烷
5	$C_{23}H_{42}$	318	13*β*（*H*），14*α*（*H*）-C_{23} 三环萜烷
6	$C_{24}H_{44}$	332	13*β*（*H*），14*α*（*H*）-C_{24} 三环萜烷
7	$C_{25}H_{46}$	346	13*β*（*H*），14*α*（*H*）-C_{25} 三环萜烷
8	$C_{24}H_{42}$	330	C_{24} 四环萜烷
9	$C_{26}H_{48}$	360	13*β*（*H*），14*α*（*H*）-C_{26} 三环萜烷
10	$C_{26}H_{48}$	360	13*β*（*H*），14*α*（*H*）-C_{26} 三环萜烷
11	$C_{28}H_{52}$	388	13*β*（*H*），14*α*（*H*）-C_{28} 三环萜烷
12	$C_{28}H_{52}$	388	13*β*（*H*），14*α*（*H*）-C_{28} 三环萜烷
13	$C_{29}H_{54}$	402	13*β*（*H*），14*α*（*H*）-C_{29} 三环萜烷
14	$C_{29}H_{54}$	402	13*β*（*H*），14*α*（*H*）-C_{29} 三环萜烷
15	$C_{27}H_{48}$	370	18*α*（*H*）-22，29，30- C_{27} 三降藿烷（Ts）
16	$C_{27}H_{48}$	370	17*α*（*H*）-22，29，30- C_{27} 三降藿烷（Tm）
17	$C_{30}H_{58}$	416	13*β*（*H*），14*α*（*H*）-C_{30} 三环萜烷
18	$C_{30}H_{58}$	416	13*β*（*H*），14*α*（*H*）-C_{30} 三环萜烷
19	$C_{29}H_{50}$	398	17*α*（*H*），21*β*（*H*）-30- C_{29} 降藿烷

续表

峰号	分子式	分子量	化合物名称
20	$C_{29}H_{50}$	398	18*α*（*H*）-30- C_{29}降新藿烷（C_{29}Ts）
21	$C_{30}H_{52}$	412	17*α*（*H*）-C_{30}重排藿烷
22	$C_{29}H_{50}$	398	17*β*（*H*），21*α*（*H*）- C_{29}降藿烷（降莫烷）
23	$C_{30}H_{52}$	412	17*α*（*H*），21*β*（*H*）- C_{30}藿烷
24	$C_{30}H_{52}$	412	17*β*（*H*），21*α*（*H*）- C_{30}藿烷（莫烷）
25	$C_{31}H_{54}$	426	17*α*（*H*），21*β*（*H*）- C_{31}藿烷（22*S*）
26	$C_{31}H_{54}$	426	17*α*（*H*），21*β*（*H*）- C_{31}藿烷（22*R*）
27	$C_{30}H_{52}$	412	伽马蜡烷
28	$C_{31}H_{54}$	426	17*β*（*H*），21 *α*（*H*）- C_{31}藿烷（22*S*+22*R*）
29	$C_{32}H_{56}$	440	17*α*（*H*），21*β*（*H*）- C_{32}藿烷（22*S*）
30	$C_{32}H_{56}$	440	17*α*（*H*），21*β*（*H*）- C_{32}藿烷（22*R*）
31	$C_{33}H_{58}$	454	17*α*（*H*），21*β*（*H*）- C_{33}藿烷（22*S*）
32	$C_{33}H_{58}$	454	17*α*（*H*），21*β*（*H*）- C_{33}藿烷（22*R*）
33	$C_{34}H_{60}$	468	17*α*（*H*），21*β*（*H*）- C_{34}藿烷（22*S*）
34	$C_{34}H_{60}$	468	17*α*（*H*），21*β*（*H*）- C_{34}藿烷（22*R*）
35	$C_{35}H_{62}$	482	17*α*（*H*），21*β*（*H*）- C_{35}藿烷（22*S*）
36	$C_{35}H_{62}$	482	17*α*（*H*），21*β*（*H*）- C_{35}藿烷（22*R*）

刘全有和刘文汇（2007）曾在塔里木盆地侏罗系低成熟度煤岩（R_o为 0.4%）中的生物标志化合物中检测到 C_{29}～C_{32}-*ββ* 生物构型藿烷，并在煤岩壳质组中检测到丰富的 C_{24}～C_{26}四环二萜烷，认为这些四环二萜烷是成岩早期细菌微生物改造有机质的产物。沈忠民等（2011）曾在云南保山盆地生物气源岩生物标志化合物中检测到 C_{30}-藿烯，并认为 C_{30}-藿烯与甲烷菌的活动有关，还检出 C_{29}～C_{32}-*ββ* 生物构型藿烷。一般认为，C_{31}～C_{35} 藿类来源于原核生物（包括细菌和蓝细菌）中的 C_{35}细菌藿多醇（屈定创等，1995），而 *ββ* 生物构型藿烷是细菌藿多醇，尤其是藿四醇在成岩作用极早期经细菌改造的产物，而且 *ββ* 藿烷系列的主峰一般均为 C_{29}、C_{27}或者 C_{31}，这也是细菌改造的结果（周友平等，1999）。对于藿烯来说，藿烯一般认为是在成岩过程中由里白烯（通常来源于活体微生物，或者较为新鲜的沉积物）经细菌转化形成（周友平等，1998；沈忠民等，2011）。由此可见，H1 和 H3 原煤样及生物降解煤样中 C_{29}-藿烯、C_{30}-藿烯，以及 C_{29}～C_{32}-*ββ* 生物藿烷系列的检出，不仅证实了 H1 和 H3 在成岩作用早期有细菌微生物的降解改造作用，而且也说明了在生物降解的过程中，这些藿烯和 *ββ*-藿烷能够较好地保存下来，同时也表明煤岩的热演化程度的确很低（由于藿烯和 *ββ*-藿烷的热稳定性较低）。

前人研究认为，四环二萜烷是成岩早期细菌微生物改造有机质的产物（刘全有和刘文汇，2007），而五环三萜烷被认为是细菌微生物，尤其是原核细胞生物衍生而成的（范璞，1987；Peters and Moldowan，1993；彼得斯和莫尔多万，1995；Sinninghe Damste et al.，1995），可见两者均与细菌微生物的活动有关。本次在 CY 原煤样和生物降解煤样中 C_{24} 四环二萜烷和 C_{31}～C_{34} 五环三萜的检出也证实了成岩作用早期有细菌微生物的降解改造作用。

综上所述，对 H1、H3 和 CY 中可溶有机质（氯仿沥青“A”）生物标志化合物的分析表明，在正构烷烃、类异戊二烯烷烃和萜烷系列中均发现一些代表煤岩遭遇生物降解的生物标志化合物，这为生物成因气的判识提供了有力的佐证。

3.6 小　　结

本章节针对大南湖两个褐煤样（H1、H3）和阜康 1 个长焰煤（CY）开展了封闭式厌氧微生物作用生气模拟，测定和分析了产出气气体产率、产气量、组分和碳氢同位素组成，并对原煤样和经受微生物作用的降解煤样进行了有机地球化学分析，从微生物作用产出气和残留煤样中可溶有机质生物标志化合物两个角度寻找生物成因煤层气形成过程中的一些标志性特征，以期共同判识生物成因煤层气。得到如下认识。

1）厌氧产甲烷菌富集培养过程中，校正后的产气量前 20d 增长较为缓慢，20d 之后增长明显，累计产气量呈现先减小后再缓慢增大的趋势，产气前期空白组的原始产气量增长速度较快，由生化 CH_4 和 CO_2 碳氢同位素组成可以判断出生物气成因类型为乙酸发酵。

2）90d 次生生物气产出模拟过程中，3 个煤样产气瓶原始产气量均经历过先增大后减小再增大的过程，均表现为在 40～60d 内出现峰值，而后逐渐下降，在 70～80d 内出现最低值，随后又再次逐渐上升，反应液酸碱度在一定程度上控制了产气量的变化趋势。整个过程中，H1-90 的累计产气量和有机质产气率最大，H3-90 次之，CY-90 最小，这可能与 H1 中含有较多的腐殖组有关，由于腐殖组中含有较多的带有多个侧链的多环芳香结构，易于微生物降解。

3）生化 CH_4 和 CO_2 含量变化具有同步效应，均呈现“波折式”缓慢上升趋势，在绝大多数情况下，初期产出气中 CO_2 含量较高，CH_4 含量相对较低，在中后期，相比于 CO_2，组分中的 CH_4 含量以“波折式”快速增加。δD_1 值随着生物降解产气时间的延长有总体变轻的趋势，且 CH_4 和 CO_2 的 $\delta^{13}C$ 值呈现镜像对称关系，由于有机母质本身甲基碳同位素组成偏轻，而羧基碳同位素组成偏重，产出气体同位素组成体现出对母质的继承效应，使得轻碳同位素被分馏到 CH_4 中，重碳同位素被分馏到 CO_2 中。

4）微生物的主要作用对象是煤中的可溶有机质，不溶有机质可能也参与其中，这导致氯仿沥青“A”各族组分含量复杂多变，但体现出“多元化”微生物作用降解方式。

5）由氯仿沥青“A”色谱分析可知，3 个煤样的正构烷烃在原始沉积环境中发生过微生物的降解作用，且降解过程是长链的正构烷烃被逐级降解为低碳数正构烷烃。

6）可溶有机质（氯仿沥青“A”）生物标志化合物分析表明，在 H1、H3 中检出了 C_{29}-藿烯、C_{30}-藿烯和 C_{29}～C_{32}—$\beta\beta$ 生物藿烷系列，在 CY 中检出了 C_{24} 四环二萜烷和 C_{31}～C_{34} 五环三萜，证实了成岩作用早期有细菌微生物的降解改造作用，由此也提供了生物成因气的佐证。

4　低煤级煤热解生气模拟

通过低成熟度代表性样品热模拟的方式探索热成因天然气的相关特征由来已久。前人在热模拟实验中考虑了温度、压力、时间、催化剂、有机质类型、加水与不加水、体系的封闭程度等（Brooks and Smith，1969；Tissot and Welte，1978；Hunt，1979；Durand and Monin，1980；汪本善等，1980；刘德汉等，1982；傅家谟等，1987；卢双舫等，2006；卢红选等，2007，2008；王秀红等，2007；邱军利等，2011；董鹏伟等，2012；李伍等，2013；葛立超等，2014）。前人的研究表明，煤作为III型烃源岩，其生烃环境多为封闭性和半封闭性，且存在液态烃的二次裂解生气，通过加入水介质开展封闭体系的热模拟实验更靠近自然的演化轨迹（Lewan and Williams，1987；张辉和彭平安，2008）。为此，本章节采用在加水条件下开展低煤级煤热解生气（烃）模拟实验。

4.1　样品与实验装置

选取吐哈盆地哈密大南湖煤矿西山窑组的褐煤，以及阜康矿区大黄山七号井八道湾组的长焰煤作为热解生气模拟的母质。低煤级煤生烃热模拟实验在中国石

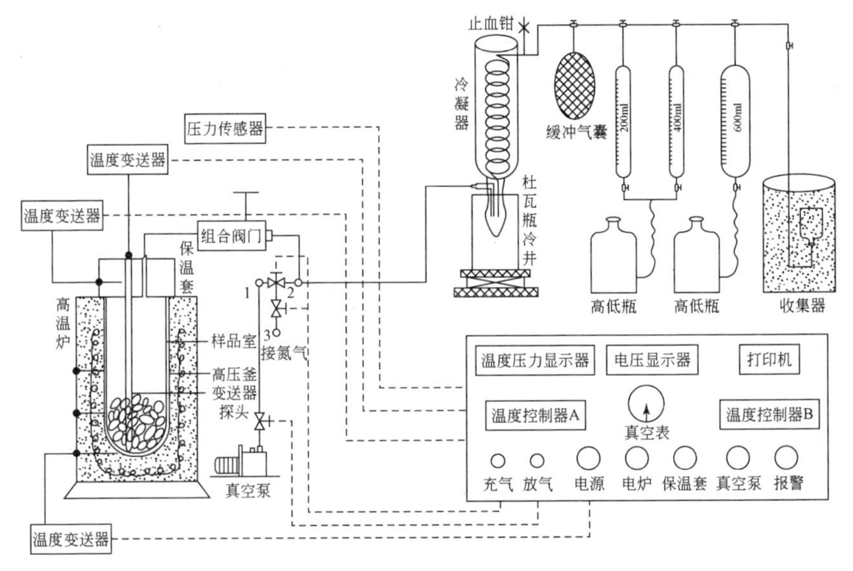

图 4-1　高压釜密闭体系常规热模拟实验装置

化石油勘探开发研究院无锡石油地质研究所完成，所采用的是高压釜密闭体系模拟实验仪，实验装置如图 4-1 所示。

4.2 热模拟实验过程

将破碎至 100 目的 100g 低煤级煤样置入高压釜内，在釜内加入 15ml 的蒸馏水后用石墨垫圈密封，随后充入高压氮气并放入水中试漏，确保不漏后，反复 3～5 次进行释放氮气—抽真空—充入氮气的过程，以保证反应釜中的残留空气被完全置换出，此时才将高压釜放入马弗炉中开展一系列热解生烃实验，实验结束后收集气、液、固三相产物待检。要注意的是，所加蒸馏水的标准为，要在低于 350℃时有液态水的存在，高于 350℃时要保证反应釜中的压力在安全规程的范围内（贺建桥，2004）。

常规热压模拟实验中的热解气依次经过液氮冷却的液体接受管和冷凝管，其中，水和凝析油被留在液体接受管中（为避免轻质组分流失，可用二氯甲烷多次萃取水溶液至有机相无色为止），热解出来的气体用计量管收集。反应釜内壁、管道、阀口等一些部件表面的油状物可用二氯甲烷冲洗，由于二氯甲烷易于挥发，待其挥发后即得"釜壁轻油"。

本次热模拟实验设定 6 个温度点，从低到高依次为 250℃、300℃、350℃、400℃、450℃、500℃，在每个温度点加热 12h，恒温时间为 48h，整个过程中按照 1℃/min 的速率升温至指定的温度点。

4.3 实验结果分析

4.3.1 热解气体组分特征

采用 Varian CP-3800 气相色谱仪分析本次实验热解气体组分构成和含量，测试结果见表 4-1，结果表明，热解气中检测到 CH_4 和 C_2～C_5 重烃气，分别为 CH_4、C_2H_6、C_2H_4、C_3H_8、C_3H_6、iC_4H_{10}、nC_4H_{10}、C_4H_8、iC_5H_{12}、nC_5H_{12}；同时还检测出 H_2、CO、N_2、CO_2 四种非烃气体。

在第一个温度点 250℃时，H1、H3 和 CY 热解固体残渣的镜质组最大反射率（$R_{o,\max}$）分别为 0.95%、0.63%和 0.67%，所以在此之前基本可看作低变质阶段所产出的气体；该温度下，H1 热解气中检测到含量占有绝对优势的 CO_2（88.798%），以及少量的 H_2（1.083%）、CO（1.944%）、N_2（7.381%）非烃类气体和少量的 CH_4 气（0.609%），同时还检出微量的 C_2H_6、C_2H_4、C_3H_8 和 C_3H_6 4 种重烃气，H3 和 CY 热解气中所检出的 CH_4 气和非烃气含量与 H1 有相仿之处，但与 H1 相比，在重烃气方面，H3 热解气中多检出了极微量的 C_4（iC_4H_{10}、nC_4H_{10}），CY 热解气中多检出了

微量的 C_4（iC_4H_{10}、nC_4H_{10}）和 C_5（iC_5H_{12}、nC_5H_{12}）（表 4-1）。由此可见，与生物气不同，生物气模拟实验中检测出的非烃气体仅为 CO_2，烃类气体仅为 CH_4，重烃气检测不出。可以推断，如果低煤级煤层气中含有少量的重烃，可能与热力成因有关。

低煤级煤热解气体各组分含量变化轨迹如图 4-2 所示，三组煤样热解气中 CO_2、CH_4 和 C_2～C_5 重烃气含量变化幅度较大，且具有大致相同的演化轨迹，而 H_2、CO、N_2 含量变化幅度相对较小。具体规律如下所述。

随着热解温度从 250℃上升至 500℃的过程中，三组热解气中 CO_2 含量均呈现下降趋势，其中，350℃之下，H1 和 H3 中的 CO_2 含量下降比较缓慢，350℃之上则快速下降，而 CY 中的 CO_2 含量仅在 300～400℃范围内快速降低；三组热解气中 CH_4 含量均呈现上升趋势，其中，350℃之下，H1 和 H3 中的 CH_4 含量上升缓慢，350℃之后则快速上升，而 CY 中的 CH_4 含量在 300℃之上便出现快速上升的趋势，相比于 H1 和 H3 中的 CH_4，其含量在热解中后期反超 CO_2；三组热解气中的 C_2～C_5 重烃气含量均以 400℃（此时热解固体残渣 $R_{o,\max}$ 为 2.0%左右）为分界点先上升后下降，且 CY 中的重烃气含量变化幅度相对于 H1 和 H3 更大。随着热解温度的升高，三组热解气中的 C_2～C_5 重烃气各组分含量变化幅度从大到小大致遵循由低碳数到高碳数的趋势，其中，三组热解气中乙烷、丙烷、正构和异构丁烷含量均以 400℃为分界点先增大后减小，500℃时正构和异构丁烷含量为零，热解消失；丙烯含量以 300℃为分界点先增大后减小，在 400℃以后陆续热解消失；微量乙烯仅在 250℃和 300℃两个温度点出现，随后热解不见；微量丁烯仅在 300℃和 350℃两个温度点出现，后被热解掉；正构和异构戊烷在 300℃时出现，其含量呈现上升趋势，在 450℃时热解消失不见（表 4-1 和图 4-2）。

前人的研究表明，煤岩热解气体主要由烃类气体组成，且烃类气体主要是 CH_4，并伴有微量的重烃气（C_2～C_5），非烃气以 CO_2 为主，伴有少量的其他非烃气体（刘全有等，2002；段毅等，2005b，2005c；李美芬，2009；王民等，2011），本次热模拟结果与前人一致。一般来说，低煤级煤热演化程度较低，大分子结构中以脂肪结构和芳香结构为主，含氮、氧、硫等杂原子团侧链较多，但不同的显微组分由于所含的成分不同会导致热解产物及其比例有所不同。孙旭光等（2003）对低煤级煤的化学结构及热解特性研究表明，树皮体（壳质组含量较多）热解产物中脂族化合物含量比镜质体高，而镜质体热解产物中芳香族化合物和杂原子官能团含量比树皮体高，两者在低温阶段首先主要脱落的是活化能较小的氮、氧、硫杂原子官能团、苯、烷基苯（甲苯、二甲苯）；在中高温阶段，树皮体主要先脱落长链脂肪烃（C_6～C_{14}），而后是短链脂肪烃（C_1～C_5），而镜质体主要是脱落短链脂肪烃；两者的残留物均为热力难以裂解的稠环芳烃，相比之下，丝质体在低温阶段主要脱落的为杂原子官能团、脂环和脂链结构，在中高温阶段主要依次先后脱落苯、烷基苯和短链脂肪烃。另外，由于惰质组的芳构化程度较高，腐殖组/镜质组和稳定组/壳质组的生气潜力相对较大，而且两者也是重烃的主要来源（刘全有，2001）。

表 4-1 低煤级煤热解气体含量（%）

煤样编号	热解温度/℃	$R_{o,max}$/%	H_2	CO	N_2	CO_2	CH_4	C_2H_6	C_2H_4	C_3H_8	C_3H_6	iC_4H_{10}	nC_4H_{10}	C_4H_8	iC_5H_{12}	nC_5H_{12}	$C_2\sim C_5$
H1	250	0.95	1.083	1.944	7.381	88.798	0.609	0.048	0.019	0.068	0.048	—	—	—	—	—	0.183
	300	1.00	2.064	2.103	8.002	84.866	1.966	0.333	0.020	0.450	0.059	0.049	0.039	0.010	0.020	0.020	1.000
	350	1.26	2.157	1.952	7.300	79.475	5.456	1.786	—	1.210	0.020	0.176	0.244	0.010	0.107	0.107	3.660
	400	2.05	2.982	1.931	7.165	61.843	17.222	4.413	—	2.682	0.020	0.360	0.831	—	0.180	0.370	8.856
	450	2.24	1.996	1.265	4.952	57.156	29.443	3.993	—	1.058	—	0.109	0.030	—	—	—	5.190
	500	2.75	2.989	1.255	4.713	48.899	40.062	2.062	—	0.020	—	—	—	—	—	—	2.082
H3	250	0.63	0.793	2.045	7.916	88.102	0.841	0.078	0.049	0.098	0.059	0.010	0.010	—	—	—	0.304
	300	0.95	1.212	2.373	9.086	82.582	3.069	0.655	0.030	0.616	0.079	0.099	0.099	0.010	0.050	0.040	1.678
	350	1.48	1.727	1.203	4.822	77.741	8.054	3.183	—	2.028	0.049	0.262	0.534	0.010	0.165	0.223	6.454
	400	1.96	2.028	1.618	6.223	56.428	21.916	6.263	—	3.456	0.030	0.430	1.059	—	0.180	0.370	11.788
	450	2.48	1.708	1.678	6.518	47.125	34.876	6.084	—	1.789	—	0.172	0.051	—	—	—	8.096
	500	2.61	2.039	1.413	5.533	45.755	43.130	2.090	—	0.040	—	—	—	—	—	—	2.130
CY	250	0.67	0.868	2.934	11.154	83.640	0.788	0.137	0.023	0.091	0.046	0.103	0.023	—	0.148	0.046	0.617
	300	0.80	2.844	2.006	3.878	81.408	6.152	1.685	0.021	1.179	0.062	0.227	0.259	0.010	0.145	0.124	3.712
	350	1.29	3.294	1.999	4.188	53.530	20.972	8.019	—	4.693	0.032	0.589	1.505	0.021	0.431	0.726	16.016
	400	1.96	2.726	1.480	4.692	24.932	40.630	12.831	—	7.469	—	0.841	2.868	—	0.426	1.105	25.54
	450	2.11	1.778	1.199	3.706	22.827	56.344	10.589	—	3.167	—	0.280	0.110	—	—	—	14.146
	500	2.81	2.102	1.391	4.508	19.330	69.168	3.452	—	0.051	—	—	—	—	—	—	3.503

注：—代表含量为零；$R_{o,max}$代表每个热解温度点所对应固体残渣的镜质组最大反射率。

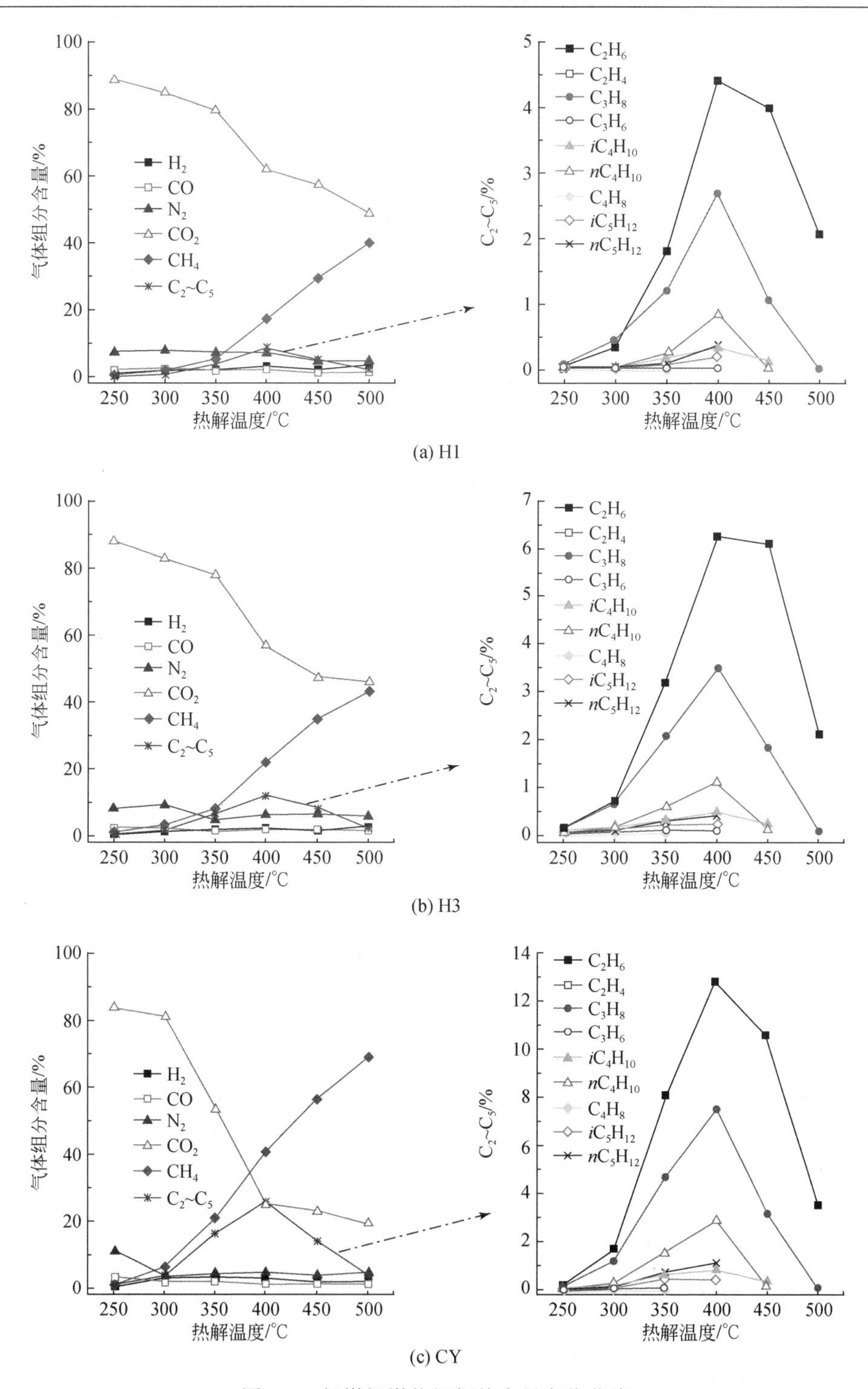

图 4-2　低煤级煤热解气体含量变化曲线

对于低煤级煤来说，在镜质组反射率 0.6%之前，主要以脱除氮、氧、硫杂原子官能团占主导地位，0.6%左右时，残留的杂原子官能团的缩聚作用达到第一次高峰，0.6%以后则逐渐进入了烷基侧链的脱除阶段，这种杂原子团的缩聚被抑制（李美芬，2009）。煤中含氧官能团的热稳定顺序为—OH＞＞C=O＞—COOH＞—OCH_3（呈柱，2010），可见甲氧基在热力作用下最容易裂解，因此，在较低温阶段 CH_4 主要来源于煤中吸附的 CH_4 和甲氧基的热解，而后才是随温度升高，通过含氧官能团脂肪侧链热解、长链烷烃的二次裂解、甲苯热解，以及脂肪链的环化和芳构化作用等方式生成 CH_4，与之相比，CO_2 生成机制相对简单，在低温阶段，CO_2 主要来源于甲氧基和羧基的热解，在高温阶段可能与煤中的含氧杂环有关，或者与某些碳酸盐的热解有关（李美芬，2009）。

4.3.2　热解气体产率特征

低煤级煤热解的产率见表 4-2，H1、H3、CY 三者 CH_4 产率范围依次分别为 0.36～101.69 ml/g C_{org}、0.55～144.34 ml/g C_{org}、0.08～128.58 ml/g C_{org}；三者 CO_2 产率范围依次分别为 52.58～126.12 ml/g C_{org}、57.21-153.13 ml/g C_{org}、8.95～35.93 ml/g C_{org}；三者重烃气（C_2～C_5）产率范围依次分别为 0.11～17.88 ml/g C_{org}、0.20～26.85 ml/g C_{org}、0.62～27.82 ml/g C_{org}；三者总烃气产率范围依次分别为 0.47～106.97 ml/g C_{org}、0.75～151.47 ml/g C_{org}、0.13～135.09 ml/g C_{org}；三者总非烃气产率范围依次分别为 58.74～149.20 ml/g C_{org}、64.19～183.21 ml/g C_{org}、10.54～50.81 ml/g C_{org}。可见 CH_4 产率变化较大，低温时产率很低，与之相比，CO_2 在低温时就具有较高的产率，而重烃气（C_2～C_5）产率变化幅度相对较小，其产率最高值也没有超过 30 ml/g C_{org}。

随着 $R_{o,\max}$ 逐渐增大，三组煤样 CH_4、CO_2、总烃气和总非烃气的产率曲线均显示出增大的趋势，重烃气（C_2～C_5）产率则以 $R_{o,\max}$=2.0%为分界点先增大后减小，而且重烃气中的烷烃组分（乙烷、丙烷、正构和异构丁烷、正构和异构戊烷）产率也以 $R_{o,\max}$=2.0%为分界点先增大后减小或为零，相比之下，烯烃组分产率出现后很快就为零（图 4-3）。

虽然三组煤样热解气中 CH_4 和 CO_2 的产率随着 $R_{o,\max}$ 的增大均在增长，但两者增长的快慢有所不同，为了加以区分，笔者对两者的产率曲线进行了拟合，得到了两者的产率（u）模型（表 4-3），在热解温度位于 250～500℃范围内，CH_4 产率符合指数函数增长模型，其拟合系数 R^2 高达 0.95 以上，表现出低温时产率增长缓慢，随着温度升高，其产率也逐渐快速增长；CO_2 产率符合对数函数增长模型，其拟合系数 R^2 也在 0.95 以上，但其产率的增长速度刚好与 CH_4 的相反，表现出低温时产率快速增大，中高温度时增长逐渐变得缓慢。究其原因，与煤化作用的跃变机制密切相关。

表 4-2　低煤级煤热解气体产率

（单位：ml/g C_{org}）

煤样编号	热解温度/℃	$R_{o,max}$ /%	H_2	CO	N_2	CO_2	CH_4	C_2H_6	C_2H_4	C_3H_8	C_3H_6	iC_4H_{10}	nC_4H_{10}	C_4H_8	iC_5H_{12}	nC_5H_{12}	C_2～C_5	总烃气	总非烃气
H1	250	0.95	0.64	1.15	4.37	52.58	0.36	0.03	0.01	0.04	0.03	—	—	—	—	—	0.11	0.47	58.74
	300	1.00	2.06	2.10	7.99	84.77	1.96	0.33	0.02	0.45	0.06	0.05	0.04	0.01	0.02	0.02	1.00	2.96	96.92
	350	1.26	3.10	2.81	10.50	114.30	7.85	2.57	—	1.74	0.03	0.25	0.35	0.01	0.15	0.15	5.25	13.10	130.71
	400	2.05	6.02	3.9	14.46	124.82	34.76	8.91	—	5.41	0.04	0.73	1.68	—	0.36	0.75	17.88	52.64	149.20
	450	2.24	4.41	2.79	10.93	126.12	64.97	8.81	—	2.33	—	0.24	0.07	—	—	—	11.45	76.42	144.25
	500	2.75	7.59	3.19	11.96	124.12	101.69	5.23	—	0.05	—	—	—	—	—	—	5.28	106.97	146.86
H3	250	0.63	0.51	1.33	5.14	57.21	0.55	0.05	0.03	0.06	0.04	0.01	0.01	—	—	—	0.20	0.75	64.19
	300	0.95	1.24	2.44	9.33	84.79	3.15	0.67	0.03	0.63	0.08	0.10	0.10	0.01	0.05	0.04	1.71	4.86	97.80
	350	1.48	2.65	1.84	7.39	119.21	12.35	4.88	—	3.11	0.07	0.40	0.82	0.01	0.25	0.34	9.88	22.23	131.09
	400	1.96	4.62	3.69	14.17	128.53	49.92	14.27	—	7.87	0.07	0.98	2.41	—	0.41	0.84	26.85	76.77	151.01
	450	2.48	4.85	4.77	18.52	133.87	99.08	17.28	—	5.08	—	0.49	0.14	—	—	—	22.99	122.07	162.01
	500	2.61	6.83	4.73	18.52	153.13	144.34	6.99	—	0.14	—	—	—	—	—	—	7.13	151.47	183.21
CY	250	0.67	0.09	0.31	1.19	8.95	0.08	0.01	—	0.01	—	0.01	—	—	0.02	—	0.05	0.13	10.54
	300	0.80	0.48	0.34	0.66	13.88	1.05	0.29	—	0.2	0.01	0.04	0.04	—	0.02	0.02	0.62	1.67	15.36
	350	1.29	1.51	0.92	1.92	24.60	9.64	3.68	—	2.16	0.01	0.27	0.69	0.01	0.20	0.33	7.35	16.99	28.95
	400	1.96	2.97	1.61	5.11	27.16	44.26	13.98	—	8.14	—	0.92	3.12	—	0.46	1.20	27.82	72.08	36.85
	450	2.11	2.46	1.66	5.12	31.55	77.86	14.63	—	4.38	—	0.39	0.15	—	—	—	19.55	97.41	40.79
	500	2.81	3.91	2.59	8.38	35.93	128.58	6.42	—	0.09	—	—	—	—	—	—	6.51	135.09	50.81

注：一代表无产率；$R_{o,max}$ 代表每个热解温度点所对应固体残渣的镜质组最大反射率。

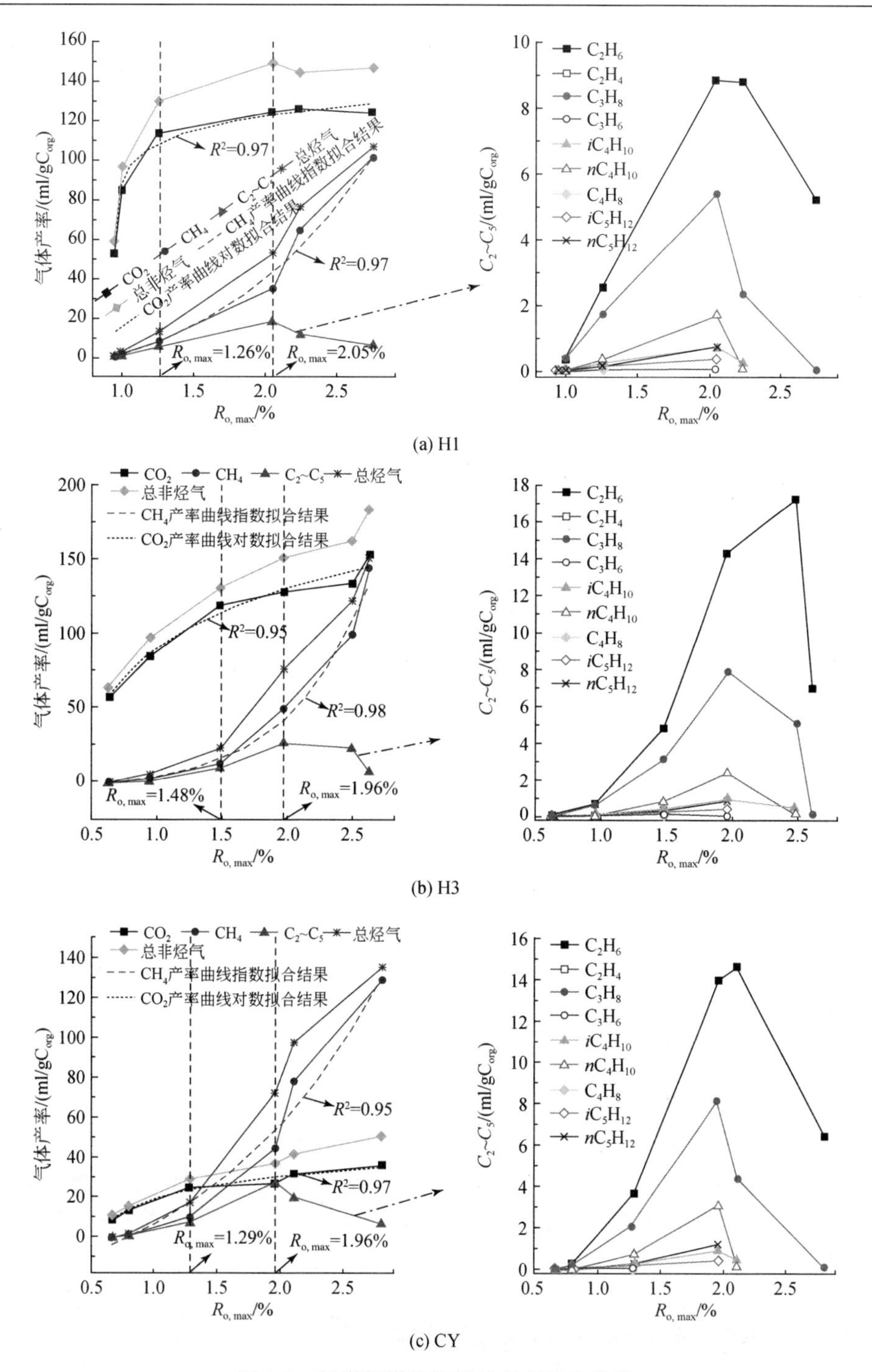

图 4-3 低煤级煤热解气体产率变化曲线

表 4-3 低煤级煤热解气 CH_4 和 CO_2 的产率（u）模型（250 ~ 500℃）

煤样编号	$R_{o, max}$ 范围/%	CH_4 产率拟合结果	CO_2 产率拟合结果
H1	0.95～2.75	u=11.34exp（0.89$R_{o, max}$）−26.33；R^2=0.97	u=11.58ln（$R_{o, max}$−0.95）+122.19；R^2=0.97
H3	0.63～2.61	u=1.58exp（1.73$R_{o, max}$）−4.42；R^2=0.98	u=46.63ln（$R_{o, max}$−0.28）+106.05；R^2=0.95
CY	0.67～2.81	u=24.91exp（0.69$R_{o, max}$）−43.32；R^2=0.95	u=11.33ln（$R_{o, max}$−0.43）+25.05；R^2=0.97

在热演化过程中，有机质不断发生着“缩聚”和“热解”这一对相互矛盾的“两极分化”作用（黄第藩等，1995；李美芬，2009），在不同阶段，矛盾双方所占的优势会有所不同，$R_{o, max}$<0.6%时是煤化作用第一次跃变之前的阶段，此阶段以含氧官能团（如甲氧基、羧基、羰基等）和脂肪侧链的脱除为主，生成大量的 CO_2，以煤分子结构不断纯化，脂肪烃相对富集为特征，并伴随着低温热缩聚作用；当 0.6%<$R_{o, max}$<1.3%时，即位于第一次与第二次煤化作用跃变之间，进入了沥青化作用阶段，此时甲氧基和羧基的脱除基本已经结束，该阶段的主要特征是长链脂肪烃断裂为短链脂肪烃，脂肪烃含量逐渐降低，伴有部分的环缩合和芳构化作用；当 $R_{o, max}$>1.3%时，此时已经进入高演化阶段，煤中羧基、羰基等含氧官能团和烷基侧链几乎脱除殆尽，以强烈的芳构化和环缩合作用为特征，煤中大量的氢以 CH_4 的形式析出。

由此可见，理论上以 $R_{o, max}$=1.3%为分界点，之前的阶段 “热解”作用使得 CO_2 的产率很高，之后的阶段“热解”作用居于次要地位，转而以“缩聚”作用为主，导致 CH_4 的产率升高，本次热解实验结果也证实了该结论，在热解温度位于 350℃时，H1、H3 和 CY 热解固体残渣的 $R_{o, max}$ 值分别为 1.26%、1.48%和 1.29%，基本位于 1.3%左右，之前的阶段 CO_2 产率较高，CH_4 产率相对很低，之后则反之（图 4-3），尤其是当 $R_{o, max}$>2.0%以后，芳构化作用极其强烈，致使煤中脂肪族化合物快速降解形成气态烃析出，而且重烃气也快速降解，总体使得 CH_4 的产率进一步提升。

基于此，笔者以 $R_{o, max}$ 值 1.3%和 2.0%为分界点，提出 CO_2 和 CH_4 的产率曲线“三段式”快慢变化规律，以 CH_4 产率曲线变化快慢为例，当 $R_{o, max}$<1.3%时，产率曲线处于缓慢增长阶段；当 1.3%<$R_{o, max}$<2.0%时，其处于较快速增长阶段；当 $R_{o, max}$>2.0%时，其则处于快速增长阶段。CO_2 产率曲线变化快慢的规律刚好与 CH_4 的相反。

4.3.3 热解气体碳氢同位素组成

热解气体的碳氢同位素分析在中国石化石油勘探开发研究院无锡石油地质研

究所完成，执行《地质样品有机地球化学分析法第 2 部分有机质稳定碳同位素测定 同位素质谱法》（GB/T 18340.2—2010）标准，在 MAT-253 稳定同位素质谱仪上开展测试，其中，碳和氢采用的分别是 PDB 和 SMOW 国际标准，测试结果见表 4-4。

表 4-4 煤岩热解气体碳氢同位素测试结果

煤样编号	热解温度/℃	$R_{o,max}$/%	$\delta^{13}C_{CH_4}$/‰	$\delta^{13}C_{C_2H_6}$/‰	$\delta^{13}C_{C_3H_8}$/‰	δD_{CH_4}/‰
H1	250	0.95	−28.4	−22.8	−26.9	−382
	300	1.00	−28.4	−26.9	−26.9	−362
	350	1.26	−33.4	−25.9	−25.2	−327
	400	2.05	−31.6	−25.6	−25.1	−306
	450	2.24	−27.4	−20.9	−15.2	−284
	500	2.75	−26.7	−11.3	—	−224
H3	250	0.63	−30.2	−25.8	−26.3	−371
	300	0.95	−29.8	−27.3	−26.7	−347
	350	1.48	−32.2	−26.6	−25.2	−323
	400	1.96	−30.7	−25.2	−23.9	−303
	450	2.48	−28.2	−21.5	−15.4	−270
	500	2.61	−25.4	−9.2	—	−213
CY	250	0.67	−30.0	−21.7	−26.7	−373
	300	0.80	−30.8	−26.5	−26.0	−348
	350	1.29	−34.6	−26.7	−25.8	−328
	400	1.96	−32.9	−26.6	−25.6	−312
	450	2.11	−29.9	−21.8	−15.2	−296
	500	2.81	−28.1	−9.7	—	−240

注：热解气碳和氢同位素测试分别以 PDB 和 SMOW 为标准；—代表无数据。

从测试结果来看，H1、H3、CY 的 $\delta^{13}C_{CH_4}$ 值分布范围分别为−33.4‰～−26.7‰、−32.2‰～−25.4‰、−34.6‰～−28.1‰，明显比生物成因的 $\delta^{13}C_{CH_4}$ 值偏重，且落在天然煤成气 $\delta^{13}C_{CH_4}$ 值分布范围内（$-10‰ \geqslant \delta^{13}C_{CH_4} > -43‰$，引自卢双舫和张敏，2007），同时在 300～500℃范围内，三组热解气中甲烷、乙烷和丙烷基本符合天然气的正碳同位素系列，即 $\delta^{13}C_{CH_4} < \delta^{13}C_{C_2H_6} < \delta^{13}C_{C_3H_8}$，但当位于 250℃低温阶段时，三组热解气中丙烷的碳同位素出现了倒转，即 $\delta^{13}C_{CH_4} < \delta^{13}C_{C_2H_6} > \delta^{13}C_{C_3H_8}$。随着热解温度升高，$R_{o,max}$ 值的增大，三组热解气体的碳氢同位素值与 $R_{o,max}$ 之间呈现了一定的规律，如图 4-4 所示，随着 $R_{o,max}$ 逐渐增大，热演化程度增高，甲烷和乙烷的碳同位素呈现先变轻后变重的趋势，在 $R_{o,max}$ 大致位于 1.3%～1.6%范围内出现最轻值，与之相比，丙烷的碳同位素却一直在变重，此外，$\delta^{13}C_{C_2H_6}$ 和 $\delta^{13}C_{C_3H_8}$ 分别在 500℃（此时 $R_{o,max} > 2.5\%$）和 450℃（$R_{o,max} > 2.0\%$）时骤然变重。有 3 点主要的决定性因素：一是，煤中有机质芳核与侧链的碳同位素组成的不均匀分布；二是，碳碳键的断裂倾向；三是，热演化的进程。

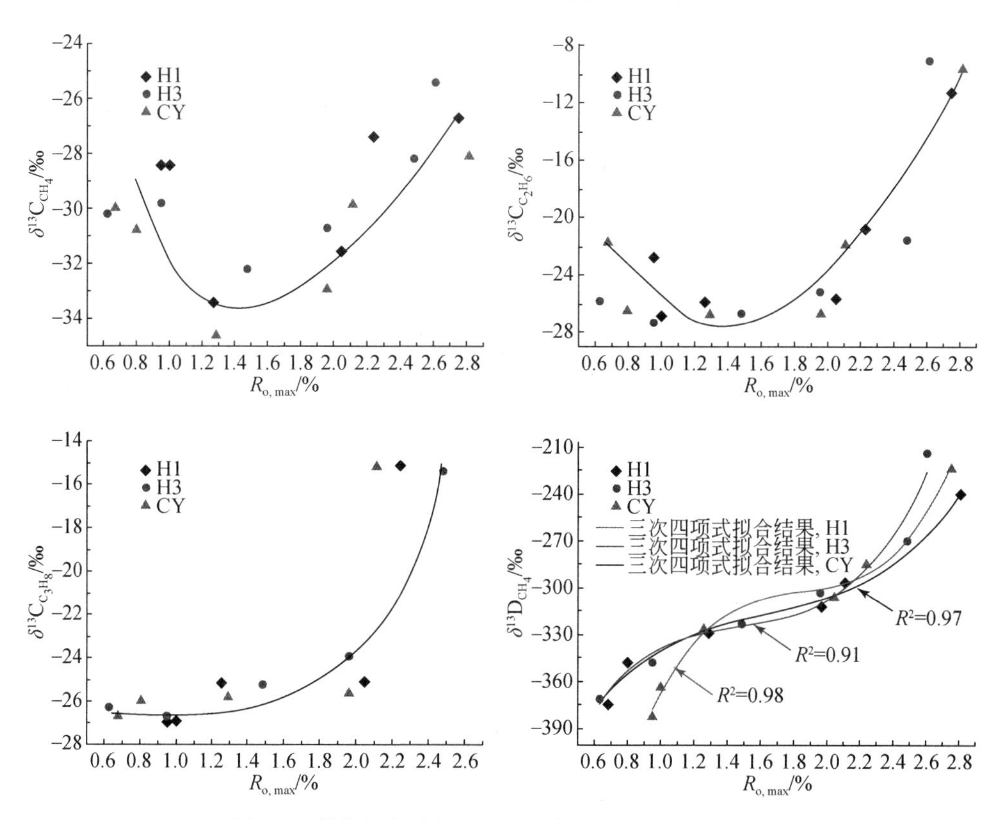

图 4-4　热解烃气碳氢同位素值与 $R_{o,max}$ 之间的关系

一般来说，Ⅲ型母质芳核的 ^{13}C 丰度高于类脂侧链，芳香族物质一般富含 ^{13}C，类脂物质一般富含 ^{12}C，致使总体的碳同位素组成具有 $\delta^{13}C_{芳香核}>\delta^{13}C_{类脂侧链}$（刘文汇等，1995），可见芳核富 ^{13}C，而类脂侧链富 ^{12}C。热演化的前期（$R_{o,max}<1.3\%$）以类脂侧链碳碳键断裂为主，尤其是倾向于 ^{12}C–^{12}C 键的断裂，因此，侧链的裂解反应导致轻碳同位素被剥离掉的速率相对于重碳同位素较快，使得甲烷和乙烷的碳同位素在逐渐变轻，而相对应的重碳同位素被保留在长链中，因此，丙烷的碳同位素并没有变轻，而是在缓慢变重；热演化中后期（$R_{o,max}>1.3\%$）以强烈的芳构化和环缩合为主，一方面，脂链进一步裂解，原先保存在长链中较重的碳同位素得以释放，形成甲烷、乙烷等气态烃，并使碳同位素缓慢变重；另一方面，在芳核缩聚时，碳同位素组成较重的环内物质部分脱除成为气态烃，致使这些气态烃的碳同位素组成变重，特别是在热演化晚期，由于芳化、环化和芳环解体进程加快，含重碳同位素的环内物质被脱除进入产物，使气态烃的碳同位素组成骤然变重（徐永昌等，1994；刘文汇等，1995）。

如表 4-4 所示，H1、H3、CY 的 δD_{CH_4} 值分布范围分别为−382‰～−224‰、−371‰～−213‰、−373‰～−340‰，而且随着 $R_{o,max}$ 逐渐增大，热演化程度增大，热力分馏导致甲烷的氢同位素不断变重（图 4-4）。笔者针对 δD_{CH_4} 值与 $R_{o,max}$ 之间的关系进行了多项式拟合，拟合结果见表 4-5，结果表明，δD_{CH_4} 值与 $R_{o,max}$ 之间符合三次四项式分布，且三者拟合系数（R^2）均在 0.90 以上。

表 4-5 δD_{CH_4} 值与 $R_{o,max}$ 之间关系的模型（250～500℃）

煤样编号	$R_{o,max}$ 范围/%	三次四项式拟合结果
H1	0.95～2.75	δD_{CH_4}=87.31x^3−481.69x^2+900.70x−873.03；R^2=0.98
H3	0.63～2.61	δD_{CH_4}=55.56x^3−247.49x^2+384.83x−531.69；R^2=0.91
CY	0.67～2.81	δD_{CH_4}=30.33x^3−149.86x^2+271.35x−491.71；R^2=0.97

4.3.4 热解固体残渣工业分析

煤样热解后固体残渣的工业分析由江苏地质矿产设计研究院完成，如表 4-6 和图 4-5 所示，随着热解温度升高，H1、H3 和 CY 三者热解固体残渣的水分含量（M_{ad}）总体在降低，但 350℃以上，水分含量基本不再降低，而是基本在保持水平中出现微弱的上下浮动，在中低温阶段，主要是煤中的自由水含量在大幅度降低，之后随着温度进一步升高，此时占有煤中水分含量较多的束缚水由于与煤表面作用力比较强，温度对这一部分水含量的影响较小。

表 4-6 煤样热解后固体残渣的工业分析结果

煤样编号	热解温度/℃	$R_{o,max}$/%	M_{ad}/%	A_{ad}/%	V_{daf}/%	FC_d/%
H1	0（原煤）	0.34	6.57	6.66	46.30	—
	250	0.95	3.95	6.67	33.48	62.08
	300	1.00	2.24	7.34	26.81	67.82
	350	1.26	1.27	7.24	21.38	72.93
	400	2.05	1.58	7.68	17.77	75.91
	450	2.24	1.47	8.49	14.14	78.56
	500	2.75	1.59	8.90	11.31	80.79
H3	0（原煤）	0.35	7.74	12.78	41.86	—
	250	0.63	2.96	17.84	44.90	45.27
	300	0.95	1.60	21.20	37.97	48.88
	350	1.48	1.09	23.35	26.12	56.63
	400	1.96	1.10	15.83	19.13	68.07
	450	2.48	1.07	20.28	14.19	68.41
	500	2.61	1.08	13.30	11.64	76.61

续表

煤样编号	热解温度/℃	$R_{o,max}$/%	M_{ad}/%	A_{ad}/%	V_{daf}/%	FC_d/%
CY	0（原煤）	0.53	1.42	4.58	33.21	—
	250	0.67	1.10	5.61	31.37	64.78
	300	0.80	0.82	1.30	29.13	69.94
	350	1.29	0.84	5.62	24.98	70.80
	400	1.96	1.09	4.12	17.66	78.94
	450	2.11	0.80	2.24	10.90	87.11
	500	2.81	1.00	1.69	7.03	91.40

注：一代表无数据；ad-空气干燥基；FC_d-固定碳。

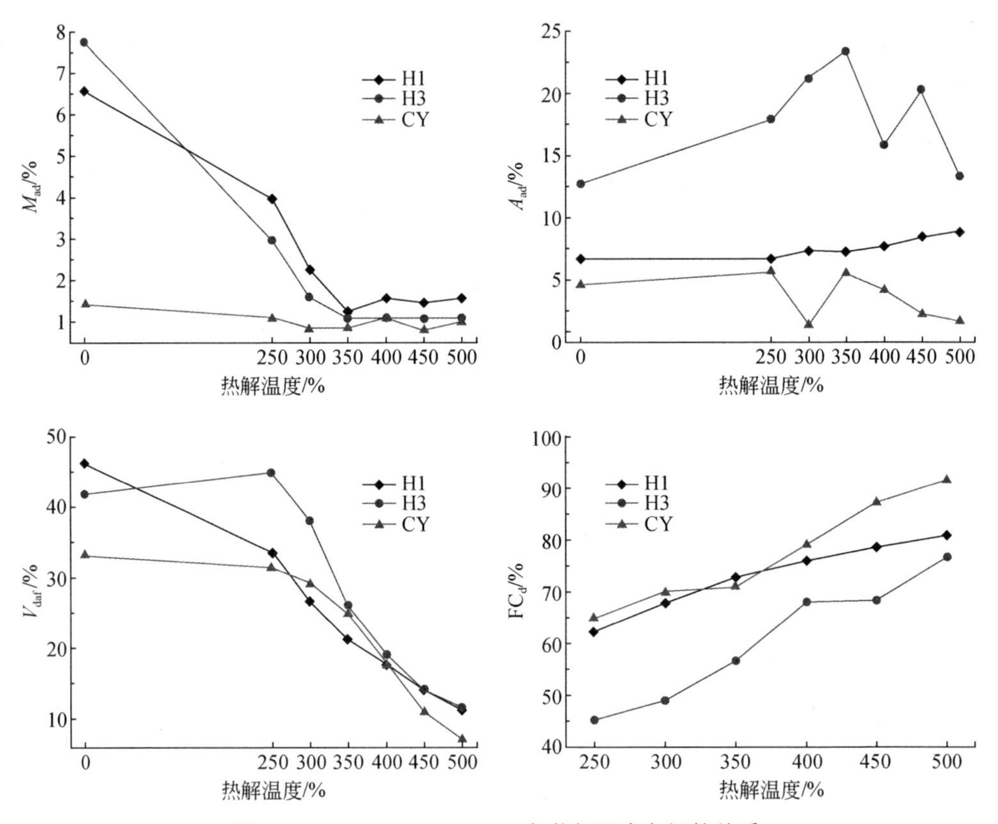

图 4-5　M_{ad}、A_{ad}、V_{daf}、FC_d 与热解温度之间的关系

此外，煤的灰分产率（A_{ad}）随热解温度的升高变化相对复杂，其中，H1 的 A_{ad} 总体在增大，H3 和 CY 的 A_{ad} 有一个大致先上升后下降的过程，分界点位于 350℃，相比之下，三者的 V_{daf} 产率和 FC_d 变化比较统一，随热解温度的逐渐上升，三者的 V_{daf} 总体在不断下降，至 500℃时，已经下降到 10%左右，而三者的 FC_d

逐渐上升，至500℃时，已经上升到75%以上（图4-5）。

4.3.5 热解固体残渣有机显微组分

煤样热解固体残渣的有机显微组分鉴定结果见表4-7，结果显示，随着热解温度升高，三组煤样的腐殖组/镜质组含量和稳定组/壳质组含量不断降低，其中，稳定组/壳质组含量减小得更快，基本在350℃时就陆续消失，而惰质组（丝质体）含量却在不断增大。

表4-7 煤样热解后固体残渣的有机显微组分鉴定结果

煤样编号	热解温度/℃	$R_{o,\max}$/%	腐殖组/镜质组/%	惰质组/%	稳定组/壳质组/%
H1	0（原煤）	0.34	67.3	18.8	14.0
	250	0.95	58	29	13
	300	1.00	56	38	6
	350	1.26	33	64	3
	400	2.05	37	63	—
	450	2.24	18	82	—
	500	2.75	15	85	—
H3	0（原煤）	0.35	63.4	16.8	19.9
	250	0.63	60	22	18
	300	0.95	58	36	4
	350	1.48	55	45	—
	400	1.96	25	75	—
	450	2.48	22	78	—
	500	2.61	15	85	—
CY	0（原煤）	0.53	62.2	21.6	16.3
	250	0.67	57	29	14
	300	0.80	54	39	7
	350	1.29	50	48	2
	400	1.96	42	58	—
	450	2.11	21	79	—
	500	2.81	16	84	—

注：—代表无数据。

显微组分镜下照片见附图。在250℃和300℃两个温度点，三组煤样显微组分中均是以镜质组、惰质组（丝质体）为主，并含有部分壳质组分，其中，H1镜质组以结构镜质体为主，胞腔中充填了矿物黏土，丝质体呈灰白色，见挤压变形结构，250℃时壳质组中孢粉体发黄色荧光，300℃时壳质组分中荧光已经很微弱；H3 镜质组以呈深灰色的结构镜质体、碎屑镜质体为主，丝质体呈灰白色，存在挤压变形结构，250℃时壳质组中的孢粉体、角质体发黄色荧光，300℃时壳屑藻类组分发黄色荧光；CY 镜质组以结构镜质体、碎屑镜质体为主，胞腔也充填有矿物黏土，丝质体呈灰白色，显示挤压变形结构，250℃时壳质组中的孢粉体、角质体发黄色荧光，300℃时壳质组分中荧光较微弱。

自 350℃以后，三组煤样固体残渣显微组分中丝质体含量占明显优势，而且各组分的光性趋于一致。

4.4 小　结

本章节在加水条件下利用高压釜密闭体系模拟实验仪开展低煤级煤热解生气（烃）模拟实验，着重分析了热模拟过程中产出气体的组分、产率和碳氢同位素组成特征，并研究了热解后固体残渣的有机显微组分。取得如下认识。

1）在热解气中检测到 CH_4 和 C_2～C_5 重烃气（C_2H_6、C_2H_4、C_3H_8、C_3H_6、iC_4H_{10}、nC_4H_{10}、C_4H_8、iC_5H_{12}、nC_5H_{12}），以及 H_2、CO、N_2、CO_2 四种非烃气体。三组煤样热解过程中 CO_2 含量不断降低，CH_4 含量不断增大，且 CY 中的 CH_4 含量在热解中后期超过 CO_2。重烃气（C_2～C_5）含量均以 400℃（热解固体残渣 $R_{o,max}$ 为 2.0%左右）为分界点先随温度升高而增加，后随温度升高而减少，并逐渐消失不见。

2）低温时，三组煤样热解过程中 CH_4 产率很低，CO_2 产率较高；随温度升高（$R_{o,max}$ 增大），三组煤样热解过程中 CH_4、CO_2、总烃气和总非烃气的产率曲线均显示出增大的趋势，重烃气中烷烃组分（乙烷、丙烷、正构和异构丁烷、正构和异构戊烷）产率以 $R_{o,max}$=2.0%为分界点先增大后减小至零，而烯烃组分产率出现后就很快衰减为零。

3）CO_2 和 CH_4 的产率曲线存在"三段式"变化规律。当 $R_{o,max}$<1.3%时，CH_4 产率曲线处于缓慢增长阶段；当 1.3%<$R_{o,max}$<2.0%时，处于较快速增长阶段；当 $R_{o,max}$>2.0%时，则处于快速增长阶段。CO_2 产率曲线变化快慢的规律刚好与 CH_4 的相反。此外，CH_4 产率曲线符合指数函数增长模型，CO_2 产率曲线符合对数函数增长模型。

4）热解气碳氢同位素随 $R_{o,max}$ 的增大，CH_4 和 C_2H_6 的碳同位素呈现先变轻后变重的趋势，在 $R_{o,max}$ 大致位于 1.3%～1.6%范围内出现最轻值，而 C_3H_8 的碳同位素却在一直变重。究其原因，主要与煤中有机质芳核和侧链的碳同位素组成的不均匀分布、碳碳键的断裂倾向和热演化的进程有关。δD_{CH_4} 值与 $R_{o,max}$ 之间符合三次四项式分布，随着 $R_{o,max}$ 逐渐增大，热力分馏导致甲烷的氢同位素不断变重。

5）三组煤样热解固体残渣显微组分在 250℃和 300℃两个低温度点中均以镜质组、惰质组（丝质体）为主，并含有部分壳质组分，350℃以后，三组煤样固体残渣显微组分中丝质体含量占明显优势，而且各组分的光性也逐渐趋于一致。

5　低煤级煤结构演化

5.1　微生物作用生气结构演化

5.1.1　FTIR 图谱特征

傅里叶红外光谱（FTIR）技术被广泛应用于煤的结构和组成（张代钧和鲜学福，1988；刘国根等，1999；朱学栋等，1999；朱学栋和朱子彬，2001；冯杰等，2002；韩峰等，2014）、煤化作用机制（张科等，2009）、煤成烃（余海洋和孙旭光，2007；张蕤和孙旭光，2008）、显微组分（刘大锰等，1998；Bustin and Guo，1999；王延斌和韩德馨，1999；孙旭光等，2001；Li et al.，2013）等方面的研究，尤其是近年在构造煤结构及其结构成分应力效应方面（李小明等，2005；琚宜文等，2005a；屈争辉，2010；高飞，2011；李明，2013）的应用取得了较为满意的效果，但利用红外光谱研究微生物作用降解煤岩的报道却尚为少见，在这方面的研究起步较晚。红外光谱是用红外光区（4000～400 cm^{-1}）的光线辐照使得物质中成键原子振动、能级跃迁而产生的吸收光谱。光谱中各吸收带是由原子的各种振动形式产生的，可用吸收带的位置和相对强度表征化学基团组成、化学键和振动性质，以及分子的几何构型。

煤和烃源岩显微组分红外光谱主要存在 3 类吸收峰，其一，脂族结构吸收峰，典型的吸收位置有 720 cm^{-1}、1450 cm^{-1}、3050～2850 cm^{-1} 等；其二，芳香结构吸收峰，典型的吸收位置有 750 cm^{-1}、810 cm^{-1}、870 cm^{-1}、1600 cm^{-1}、3050 cm^{-1} 等；其三，杂原子基团吸收峰，主要是含氧官能团的吸收峰，典型的吸收位置有 950 cm^{-1}、1084 cm^{-1}、1112 cm^{-1}、1182 cm^{-1}、1243 cm^{-1}、1321 cm^{-1}、1700 cm^{-1}、1745 cm^{-1}、3400 cm^{-1} 等（表 5-1）。

表 5-1　煤和烃源岩红外光谱吸收峰归属

峰位 cm^{-1}	波动范围 cm^{-1}	强度	代号	吸收峰归属
3400	3600～3200	宽吸收	A	醇、酚、羧酸、水等的 OH 的伸缩振动（3419～3359 cm^{-1}）及 NH 的伸缩振动
3050	3115～2990	弱	B	芳核上的 CH 伸缩振动

续表

峰位 cm^{-1}	波动范围 cm^{-1}	强度	代号	吸收峰归属
2956	2990～2943	肩峰	C	脂肪族 CH_3 不对称伸缩振动
2923	2943～2892	强	D	脂肪族 CH_2 不对称伸缩振动
2891	2911～2871	弱	E	脂肪族和脂环族 CH 伸缩振动
2864	2875～2800	中等-强	F	脂肪族 CH_3 对称伸缩振动
2849	2875～2800	弱	G	脂肪族 CH_2 对称伸缩振动
1745	1770～1720	强度变化	H	脂肪族中酸酐 C=O 伸缩振动
1700	1720～1687	强度变化	I	芳香族中酸酐 C=O 伸缩振动
1680	1690～1668	弱-中等	J	醌中 C=O 的伸缩振动
1625				苯环 C=C 共轭双键振动
1600	1645～1545	强	K	芳烃 C=C 骨架振动
1500	1545～1480	弱-强	L	稠合芳核 C=C 骨架振动
1450	1480～1421	中强	M	主要为烷链结构上的 CH_3、CH_2 不对称变形振动
1380	1420～1350	弱-中等	N	脂族 CH_3 对称弯曲振动
1321	1340～1280	中等	O	Ar-O-C 伸缩振动
1243	1280～1210	中强	P	Ar-O-Ar 伸缩振动
1182	1210～1174	中强	Q	R-O-C 伸缩振动
1112	1174～1100	中强	R	SO_2-C-O-C 对称伸缩振动
1084	1100～1006	强	S	C-O-C 伸缩振动及 Si-O 伸缩振动
950	979～921	弱-中等	T	羧酸中（OH）基弯曲振动
870	921～850	弱-中等	U	芳烃中 CH 面外变形振动（芳核上 1 个氢原子面外变形振动，I 类氢原子）
810	850～800	弱	V	芳烃中 CH 面外变形振动（芳核上 2 个相邻氢原子面外变形振动，II 类氢原子）
750	780～730	弱	W	芳烃中 CH 面外变形振动（芳核上 4 个相邻氢原子面外变形振动，IV 类氢原子）
720	730～700	弱	X	正构烷烃侧链上（CH_2）>4 的骨架振动

注：据金奎励等（1997）和琚宜文等（2005a）。

为了研究生物气模拟产出实验中遭受过微生物作用残留煤样的结构及组成特点，本书对这些煤样开展了 FTIR 测试，实验采用布鲁克 VERTEX 80v 红外光谱仪，其分辨率高达 0.06 cm^{-1}，连续可调，可实现全波段超高分辨率和快速扫描，实验时将煤样粉碎至 200 目以下，采用 KBr 压片法进行测试，测试结果见图 5-1。

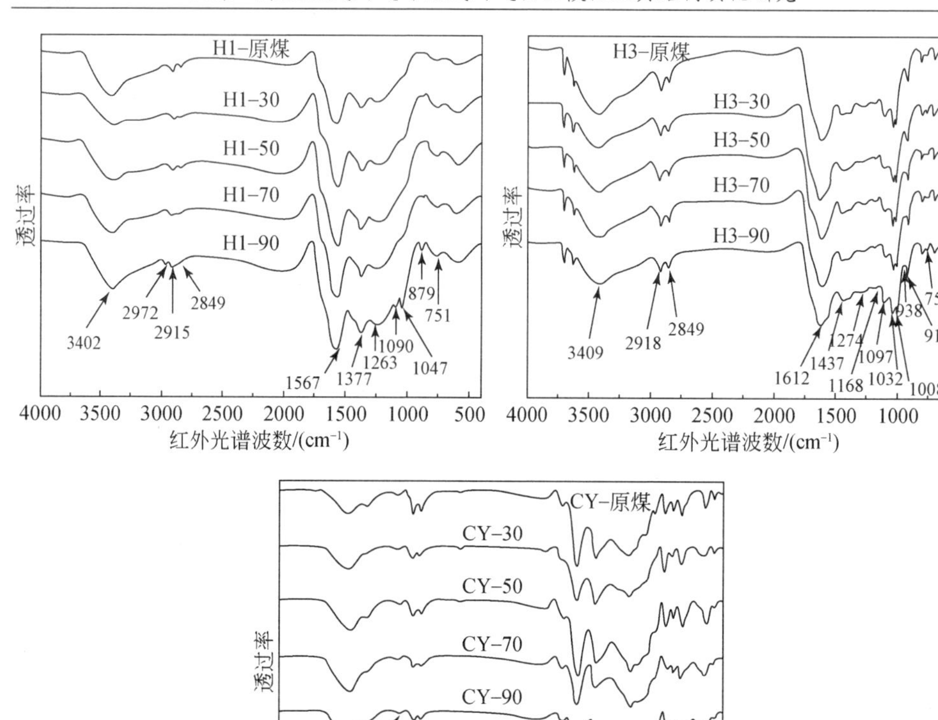

图 5-1 原煤与微生物作用降解残留煤样的 FTIR 图谱

在低煤级阶段，煤结构中的取代成分较为复杂，烷基侧链、羧基、羟基、羰基、醚类结构等含氧基团较多。H1 原煤样及生物作用残留煤样红外光谱中主要吸附峰位置为（以 H1-90 为例）3402 cm^{-1}（主要为 OH 的伸缩振动）、2915 cm^{-1}（脂肪族 CH_2 不对称伸缩振动）、2849 cm^{-1}（脂肪族 CH_2 对称伸缩振动）、1567 cm^{-1}（芳烃 C=C 骨架振动）、1377 cm^{-1}（脂族 CH_3 对称弯曲振动）、1263 cm^{-1}（Ar-O-Ar 伸缩振动，Ar 代表芳烃基）、1090 cm^{-1} 和 1047 cm^{-1}（C-O-C 伸缩振动及 Si-O 伸缩振动）、879 cm^{-1}（芳烃中 CH 面外变形振动，I 类氢原子）、751 cm^{-1}（芳烃中 CH 面外变形振动，IV 类氢原子）。

H1 在生物作用过程中，各吸收峰强度变化较小，由原煤到 30d、50d、70d，一直至 90d 的过程中，在脂族结构中，波数 2915 cm^{-1} 和 2849 cm^{-1} 处的吸收峰强度在 50d 之前有加强趋势，之后又呈现减弱趋势，但整体 90d 时遭受过生物作用的煤样比原煤样在这两处的峰强均有所减小，这说明微生物作用使得脂族结构中的脂链断裂而导致 CH_2 的对称和不对称的伸缩振动有所减弱，与之相比，1377 cm^{-1} 处

的 CH_3 的对称弯曲振动吸收峰强度在前期存在增大趋势，这与生物的多元化作用方式有关，后有详述。在芳香结构中，879 cm^{-1} 和 751 cm^{-1} 处的 CH 面外变形振动吸收峰强度总体呈现出生物降解后的煤样比原煤样增强的趋势，尤其是在 90d 时表现异常明显，这说明微生物的作用促进和加强了芳构化和缩聚作用。此外，在微生物作用下含氧结构的吸收峰变化不明显，规律性不强，相比于原煤，其中，主要为 OH 的伸缩振动的吸收峰（3402 cm^{-1}）强度在 30d 时减小后略有增大，1263 cm^{-1} 处芳香醚的吸收峰变化微弱，基本保持不变，而 1090 cm^{-1} 和 1047 cm^{-1} 处 C-O-C 伸缩振动及 Si-O 伸缩振动吸收峰仅在 90d 时呈现出较强的尖峰，而在其他时段以肩峰或无峰状态存在。

H3 原煤样及残留煤样红外光谱中主要吸附峰位置为（以 H3-90 为例）3409 cm^{-1}（主要为 OH 的伸缩振动）、2918 cm^{-1}（脂肪族 CH_2 不对称伸缩振动）、2849 cm^{-1}（脂肪族 CH_2 对称伸缩振动）、1612 cm^{-1}（芳烃 C=C 骨架振动）、1437 cm^{-1}（主要为烷链结构上的 CH_3、CH_2 不对称变形振动）、1274 cm^{-1}（Ar-O-Ar 伸缩振动，Ar 代表芳烃基）、1168 cm^{-1}（SO_2-C-O-C 对称伸缩振动）、1097 cm^{-1} 与 1032 cm^{-1}，以及 1008 cm^{-1}（C-O-C 伸缩振动及 Si-O 伸缩振动）、938 cm^{-1}（羧酸中（OH）基弯曲振动）、912 cm^{-1}（芳烃中 CH 面外变形振动，I 类氢原子）、752 cm^{-1}（芳烃中 CH 面外变形振动，IV 类氢原子）。相比于 H1，H3 在微生物作用过程中各吸收峰强度变化更小，脂族结构、含氧官能团和芳香结构吸收区间的吸收峰强度变化肉眼难以辨别，需要利用更为精细的分峰拟合方式加以区分。

CY 原煤样及残留煤样红外光谱中主要吸附峰位置为（以 CY-90 为例）3428 cm^{-1}（主要为 OH 的伸缩振动）、3019 cm^{-1}（芳核上的 CH 伸缩振动）、2907 cm^{-1}（脂肪族 CH_2 不对称伸缩振动）、2841 cm^{-1}（脂肪族 CH_2 对称伸缩振动）、1696 cm^{-1}（芳香族中酸酐 C=O 伸缩振动）、1577 cm^{-1}（芳烃 C=C 骨架振动）、1428 cm^{-1}（主要为烷链结构上的 CH_3、CH_2 不对称变形振动）、1375 cm^{-1}（脂族 CH_3 对称弯曲振动）、1148 cm^{-1}（SO_2-C-O-C 对称伸缩振动）、1099 cm^{-1} 与 1045 cm^{-1}（C-O-C 伸缩振动及 Si-O 伸缩振动）、955 cm^{-1}（羧酸中（OH）基弯曲振动）、862 cm^{-1}（芳烃中 CH 面外变形振动，I 类氢原子）、805 cm^{-1}（芳烃中 CH 面外变形振动，II 类氢原子）、742 cm^{-1}（芳烃中 CH 面外变形振动，IV 类氢原子）。

相比于 H1 和 H3，CY 遭受微生物的作用更强，在脂族结构中，与原煤相比，其他样品中的 2907 cm^{-1} 和 2841 cm^{-1} 两处代表 CH_2 的对称和不对称的伸缩振动的吸收峰强度在 30d 时减小，到 50d 时又有加强，之后峰强再次减弱；此外，1428 cm^{-1} 处峰强在微生物作用降解过程中也总体减弱，这些足以说明脂链结构已经显著降解。在芳香结构中，随着微生物作用时间的延长，862 cm^{-1} 处的 CH 面外变形振动（I 类氢原子）吸收峰强度在中后期（30d 以后）明显减小，这表明微生物作用可能削弱和阻碍了芳构化和缩聚作用。CY 的含氧结构吸收峰变化规律也并不显著。三组煤样的结果均表明，微生物作用对大部分含氧官能团影响不大，并不是生物作用降解的主要有机结构。

由上述分析可知，微生物的作用对于芳环缩合存在不同影响，在 H1 中是促进，在 CY 中是削弱，而在 H3 中却是基本不变，因此，可能存在微生物活动和降解能力较弱时能够促进煤的芳构化和缩聚作用，较强时阻碍和削弱了煤的芳构化和环缩合进程的现象。生物主要是降解脂链中长链的奇碳形成低碳数的正构烷烃（Allen et al.，1971；Cranwell et al.，1987；Otto et al.，1995；刘全有和刘文汇，2007），本次生物气实验中，CY 组的生物降解强度最大，脂链降解也最为显著，而 H1 和 H3 组降解强度相对较弱。

笔者对红外光谱进行了定量化处理，将红外光谱波数分为 3600～3000 cm^{-1}、3000～2800 cm^{-1}、1800～1000 cm^{-1}、1000～500 cm^{-1} 4 个区间，利用 Origin 中的分峰拟合程序对这 4 个区间进行复合峰的拟合与解叠，通过求取拟合单峰的相对峰面积定量探求低煤级煤脂族结构和芳香结构在微生物作用过程中的变化规律。以 H1-30 为例，这 4 个区间的分峰拟合结果如图 5-2 所示，实验曲线与拟合单峰叠加后的复合峰曲线几乎重合，拟合度较好，一般情况下波数区间为 3600～3000 cm^{-1} 时需要 3～4 个单峰；波数区间为 3000～2800 cm^{-1} 时需要 8～9 个单峰；波数区间为 1800～1000 cm^{-1} 时需要 7～8 个单峰；波数区间为 1000～500 cm^{-1} 时需要 5～7 个单峰。

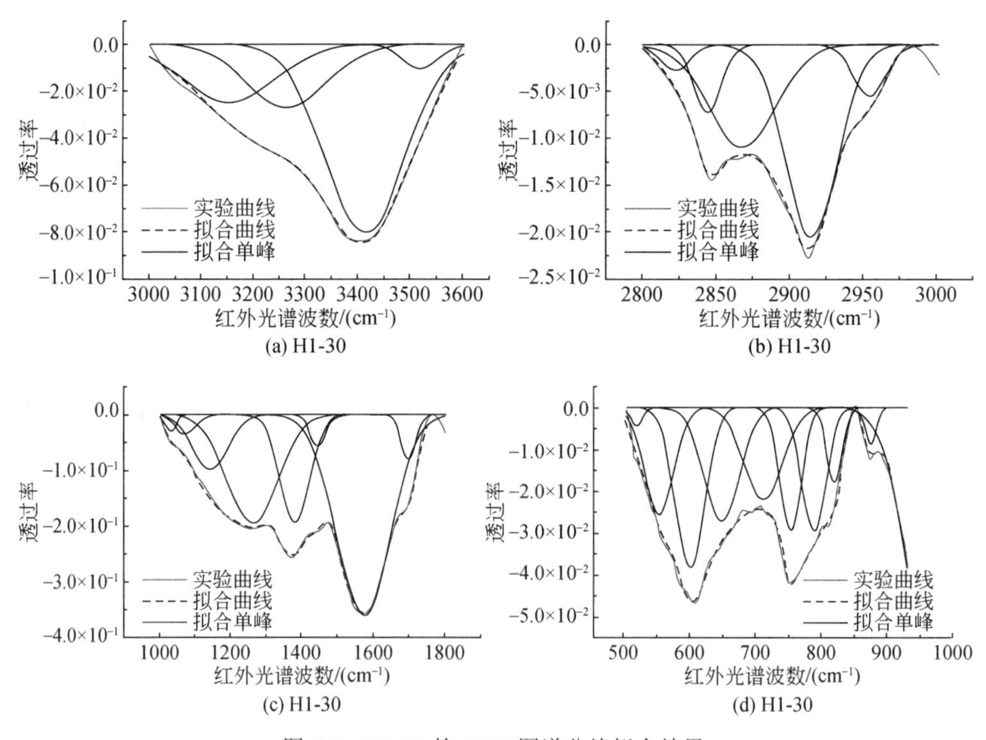

图 5-2 H1-30 的 FTIR 图谱分峰拟合结果

5.1.1.1 脂族结构

本次计算的脂族结构FTIR主要吸收峰包括归属代号D(2923 cm^{-1})、G(2849 cm^{-1})、M（1450 cm^{-1}）和N（1380 cm^{-1}）4类，峰面积积分的结果见表5-2。随着生物降解时间的延长，三组煤样在代号D处的CH_2不对称伸缩振动吸收峰峰面积变化显示出不同的变化趋势，以50d为分界点，H1先增大后减小，H3则先减小后略有增大，30d以后总体保持平衡；CY则分别以30d和50d为分界点先减小后增大再减小，反观G处的CH_2对称伸缩振动吸收峰峰面积，CY组煤样的变化规律与D处的相同，H3总体保持平衡，H1则是分别以30d和50d为分界点先减小后增大再减小（图5-3（a）和图5-3（b））。对于脂族结构中的变形弯曲振动来说则不同，如图5-3（c）和图5-3（d）所示，H3和CY在M处的CH_3、CH_2不对称变形振动吸收峰面积均是以30d为界总体先增大后有减小趋势，其中，CY由于遭受生物作用降解更强，导致其峰面积降低幅度较大，此外，H1和CY在N处的CH_3对称弯曲振动吸收峰面积均是在50d以后呈现减小的趋势，不同之处是H1在0～50d范围内是总体增大的，而CY则以30d为界先减小后增大。可见在微生物作用过程中，三组煤样的4类脂族结构呈现了不同的演变趋势，究其缘由，与微生物的多元化作用方式、作用的强弱和时间的长短密切相关。

表5-2 脂族结构FTIR主要吸收峰相对峰面积

煤样编号	吸收峰归属代号	峰位/（cm^{-1}）	脂族结构	相对峰面积/%				
				0（原煤）/d	30/d	50/d	70/d	90/d
H1	D	2923	不对称CH_2	41.37	47.45	48.31	45.31	41.10
	G	2849	对称CH_2	17.38	8.70	20.71	6.39	7.63
	N	1380	对称CH_3	8.72	14.10	28.43	12.32	10.40
H3	D	2923	不对称CH_2	48.22	31.00	30.29	33.42	33.11
	G	2849	对称CH_2	13.07	15.46	15.60	15.19	17.48
	M	1450	不对称CH_3、CH_2	2.62	15.10	11.21	14.77	12.43
CY	D	2923	不对称CH_2	31.59	20.36	50.85	38.39	37.88
	G	2849	对称CH_2	22.37	11.05	34.81	18.33	10.03
	M	1450	不对称CH_3、CH_2	4.28	10.24	7.63	2.89	3.30
	N	1380	对称CH_3	7.55	3.19	16.94	12.66	8.62

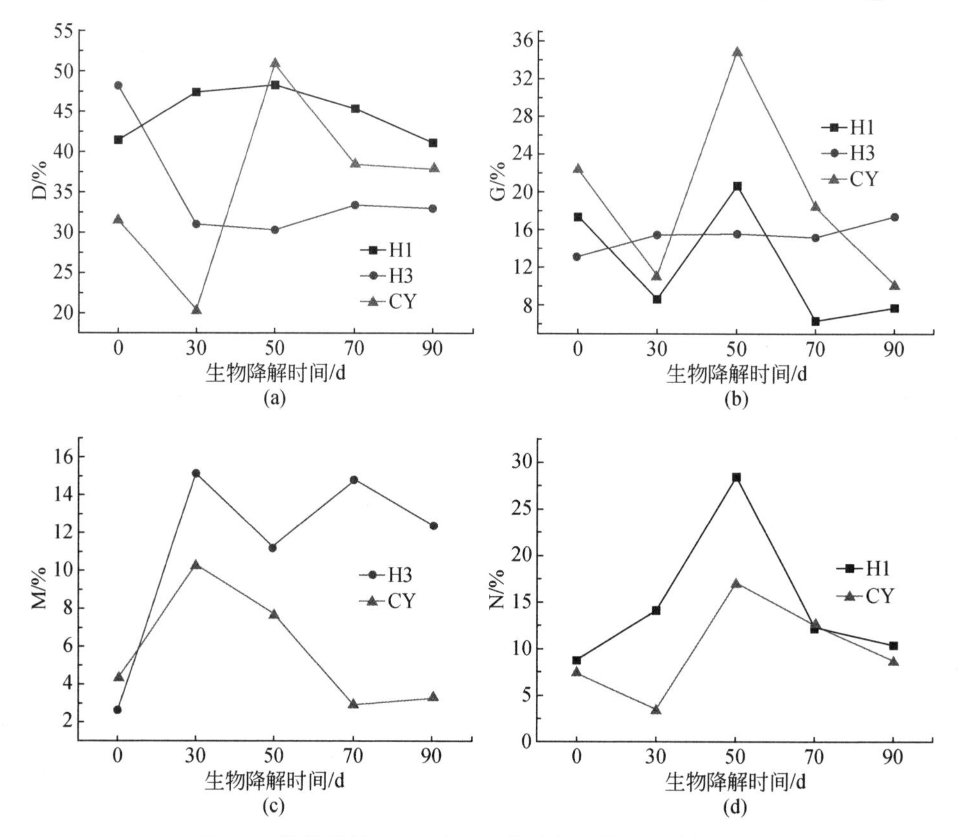

图 5-3　脂族结构 FTIR 主要吸收峰相对峰面积变化曲线

虽然煤不是一个纯粹的聚合物，但其主体的大分子结构却是具有空间网络结构的交联聚合物（朱之培和高晋生，1984），煤中大分子交联包括共价和非共价交联两部分，共价交联存在于结构单元之间，而非共价交联主要存在于片断之间，部分存在于结构单元内（高晋生等，1998），其中，共价交联一般为化学交联，由共价键结合而成，键能较大，不容易打开。相比之下，非共价交联一般为物理交联，由氢键、极性键等组成，键能相比于共价键较弱，容易打开，且煤中非共价键占有相当的比例（Nishioka，1993；陈茺，1997）。

在前述残留煤样氯仿沥青“A”和族组分分析中可以证实低煤级煤中的不溶有机质可能参与了微生物的降解，这也是“多元化”生物作用方式的有力体现。低煤级煤中由于含有较多的羧基和羟基官能团，这些基团可与富电子的氢键受体溶剂形成氢键，因此，会使得低煤级煤在溶剂中有较大的溶胀率（高晋生等，1998），说明低煤级煤中相当多的部分是以非共价键物理缔和形成的网状结构，且这种结构较容易打开，由此可以推测以这种物理缔和/或交联为主形成的大分子不溶结构会在微生物作用及降解过程中变得松散或松散可溶。例如，富含稠环芳香烃和烷基侧链的难溶沥青质会在微生物作用过程中逐渐降解为小分子可溶的芳香或脂类化合物。

由此，不难解释三组煤样的 4 类脂族结构红外光谱吸收峰呈现了不同的变化趋势。一方面，原煤中主要以物理交联形成的难溶大分子结构致使甲基和亚甲基的伸缩、变形和弯曲振动受阻，随着生物的不断降解，这种结构变得松散或松散可溶，导致 CH_2 不对称和对称伸缩振动、CH_3、CH_2 不对称变形振动，以及 CH_3 对称弯曲振动强度得以加强，结果是这 4 类振动、变形和弯曲振动的吸收峰强度（峰面积）增大；另一方面，微生物会不断降解脂链，使得脂链变短，随之这 4 类振动、变形和弯曲振动的吸收峰强度（峰面积）会减小。此外，微生物降解强弱不同和降解时间不同会使得这种此消彼长的过程变得复杂，因而形成了上述具有不同变化趋势的脂族结构红外光谱吸收峰峰面积变化规律。

5.1.1.2 芳香结构

表 5-3 为芳香结构 FTIR 主要吸收峰相对峰面积，包括归属代号 B（3050 cm^{-1}）、K（1600 cm^{-1}）、U（870 cm^{-1}）、V（810 cm^{-1}）和 W（750 cm^{-1}）共 5 类。如图 5-4 所示，随着生物降解时间的延长，H1 在代号 K 处的 C=C 骨架振动吸收峰峰面积变化有增有减，规律性不强，与之相比，分别在代号 U 和 W 处的 CH 面外，变形振动却有微弱的增大趋势，尤其是能够反映芳香烃含量和缩聚程度的 U 处吸收峰（Ⅰ类氢原子）峰面积在后期 90d 的时候有显著增大［图 5-4（b)］。从数据上看，微生物的作用促进和加强了芳构化和缩聚进程，但也有可能是一种“假象”，由前述可知，低煤级煤中以物理交联为主形成的大分子不溶结构会在微生物降解过程中变得松散或松散可溶，也许正是这种降解作用使得之前芳烃中 CH 面外变形受阻的振动变得相对容易，进而致使 U 和 W 处的吸收峰强度或峰面积有所增强、增大。对于此需要进一步研究，但无论是何种机制，最终的结果是促进芳环缩合的进程。相比之下，H3 在 90d 生物降解的过程中，代号 K、U 和 W 处的吸收峰峰面积处于总体的平稳状态，略有上下浮动［图 5-4（a）～图 5-4（c)］。

表 5-3 芳香结构 FTIR 主要吸收峰相对峰面积（%）

煤样编号	吸收峰归属代号	峰位/（cm^{-1}）	芳香结构	相对峰面积/%				
				0（原煤）/d	30/d	50/d	70/d	90/d
H1	K	1600	C=C	45.58	46.07	43.25	46.00	43.56
	U	870	Ⅰ类氢原子	1.49	1.62	1.87	1.00	6.40
	W	750	Ⅳ类氢原子	11.64	11.88	12.04	11.57	12.32
H3	K	1600	C=C	35.17	32.00	31.06	34.63	29.42
	U	870	Ⅰ类氢原子	5.19	5.04	5.11	5.09	4.89
	W	750	Ⅳ类氢原子	3.80	4.52	3.87	4.49	4.36

续表

煤样编号	吸收峰归属代号	峰位 /（cm^{-1}）	芳香结构	相对峰面积/%				
				0（原煤）/d	30/d	50/d	70/d	90/d
CY	B	3050	CH	3.19	3.18	2.58	1.36	1.33
	K	1600	C=C	24.41	29.75	32.23	36.25	36.74
	U	870	Ⅰ类氢原子	11.13	22.84	15.67	6.26	5.26
	V	810	Ⅱ类氢原子	16.53	11.41	13.26	13.14	12.47
	W	750	Ⅳ类氢原子	15.27	15.81	18.76	13.42	13.36

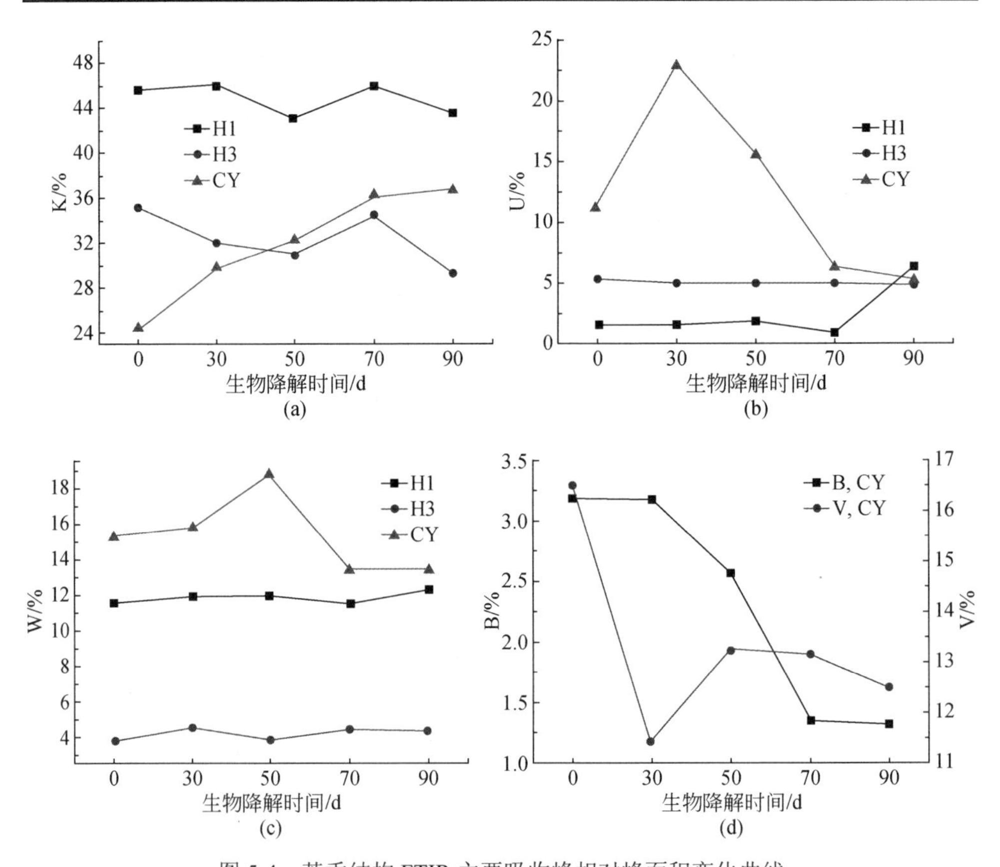

图 5-4 芳香结构 FTIR 主要吸收峰相对峰面积变化曲线

在 90d 生物作用过程中，CY 在代号 B 处的 CH 伸缩振动吸收峰峰面积不断减小［图 5-4（d)］，而与之相反的是，K 处的 C=C 骨架振动吸收峰峰面积却有增大趋势［图 5-4（a)］。三种 CH 面外变形振动吸收峰峰面积总体处于减小趋势，尤其是在中后期（50d 以后）三者均减小，不同之处是，U（Ⅰ类氢原子）和 W（Ⅳ

类氢原子）处的吸收峰面积先增大后减小，而 V 处（Ⅱ类氢原子）的则是先减小增大后再次减小。芳烃中 CH 伸缩振动吸收峰和 CH 面外变形振动吸收峰的减弱说明较强的微生物降解作用可能会阻碍和削弱煤的芳构化和环缩合的进程。至于 K 处 C=C 骨架振动吸收峰增强，以及 U（Ⅰ类氢原子）和 W（Ⅳ类氢原子）处的吸收峰在降解中前期的增强现象，则与上述所说的“假象”密切相关，正是由于一些难溶大分子中空间缠绕、氢键等的释放使得这些结构的振动得以加强。

5.1.2 ^{13}C NMR 图谱特征

核磁共振（nuclear magnetic resonance，NMR）的主要两个参数分别为核自旋量子数和核磁矩，只有当核自旋量子数不为零时才产生核磁共振，其基本原理是当把具有核磁矩原子核的样品置于外磁场中时，核的能级将会分裂为两个或两个以上的能级，高能级与低能级之差与外磁场的强度成正比，比例系数即为核磁矩，如果此时用射频照射处于外磁场中的样品，且射频频率刚好能满足低能级的核跃迁到高能级所需的能量，那么该射频频率将会被吸收，由此产生核磁共振现象（傅家谟等，1990）。核磁共振（NMR）测试具有高选择性、样品用量少、不破坏样品等优点。

多年来，NMR 技术随着交叉极化（cross polarization，CP）、魔角旋转（magnetic angle spining，MAS）（Wilson et al.，1984；Wilson and Pugmire，1984；Davidson，1986）、旋转边带全抑制（TOSS）（Supaluknair et al.，1989）、偶极相移（DD）（Supaluknari et al.，1990；秦匡宗和赵丕裕，1990）、动态核极化（DNP）（叶朝辉等，1988；叶朝辉，1985）等技术的不断发展，其在定性和定量化研究煤及其他烃源岩的结构中得到广泛应用，但将 NMR 技术应用于微生物作用降解煤样结构的研究还鲜见报道。在一般情况下，由于煤体结构的复杂性和核磁技术分辨能力的限制，煤的 ^{13}C NMR 图谱在 0～220ppm 范围内仅呈现两个大峰群，而并非在具体的化学位移处显示出尖峰，化学位移的归属见表 5-4。

表 5-4 煤 ^{13}C NMR 谱化学位移归属（据黄第藩等，1995）

化学位移/ppm	标记	主要归属	化学位移/ppm	标记	主要归属
14～16	f_{al}^{a}	终端甲基	100～129	f_a^H	带质子芳碳
16～22	f_{al}^{3}	环上甲基	129～137	f_a^B	桥接芳碳
22～36	f_{al}^{2}、f_{al}^{1}	亚甲基、次甲基	137～148	f_a^S	侧支芳碳（烷基取代碳）
36～50	f_{al}^{*}	季碳、芳环上的 α 位碳	148～164	f_a^O	氧接芳碳（氧基取代芳碳）
50～56		甲氧基	164～188	f_a^{COOH}	羧基碳
56～75	f_{al}^{O}	氧接脂碳	188～220	$f_a^{C=O}$	羰基碳
75～90		碳水化合物环内与氧相接的碳			

为了定量地获得煤体结构参数，现阶段已广泛对煤的 ^{13}C NMR 图谱进行分峰拟合与解叠，结构参数的计算方式如下所示（琚宜文，2003；琚宜文等，2005b；屈争辉，2010）。

1）芳碳率（f_a）能够反映煤芳香性变化的重要参数，为芳碳共振强度与总的信号强度之比，可由 ^{13}C CP/MAS＋TOSS 谱上 100～164 ppm 吸收强度的积分与 0～220 ppm 段吸收强度的积分的比值确定（Dennis，1982），为带质子碳与桥接芳碳、侧支芳碳（烷基取代碳）和氧接芳碳相对含量之和。

2）带质子芳碳（f_a^H）和桥接芳碳（f_a^B），两者之和即为 $f_a^{H,B}$，是能够表征芳构化和芳香稠环程度（或苯核缩合程度）的重要参数，由于计算机在分峰拟合时很难将两者区分开，所以作为一个指标来说明，并由它们在 0～220 ppm 段吸收强度的积分与芳碳吸收强度积分比例求得。

3）侧支芳碳（烷基取代碳）（f_a^S）与氧接芳碳（氧基取代芳碳）（f_a^O），可依据各自吸收强度积分在 0～220ppm 段吸收强度积分比例求得。

4）脂碳率（f_{al}），可根据 ^{13}C CP/MAS＋TOSS 谱上 0～90 ppm 处吸收强度的积分与 0～220 ppm 段吸收强度的积分的比值确定。为终端甲基、环上甲基、亚甲基、次甲基、季碳和氧接脂碳相对含量之和。

5）终端甲基（f_{al}^a）、环上甲基（f_{al}^3）、亚甲基（f_{al}^2）、次甲基（f_{al}^1）、季碳（f_{al}^*）、氧接脂碳（f_{al}^O）、羧基碳（f_a^{COOH}）、羰基碳（$f_a^{C=O}$）的计算可根据各自的吸收强度积分与 0～220ppm 段吸收强度积分求得。

本次采用中国矿业大学现代分析与计算中心的 Bruker AVANCE III 600MHz 全数字化核磁共振谱仪（NMR）开展实验，该仪器的磁场强度为 14.093 Tesla，磁体室温腔直径为 54 mm，其 ^{13}C 灵敏度≥330：1（ASTM），900 脉冲宽度≤12μs（ASTM），^{13}C 分辨率≤10Hz，最高旋转速度≥15kHz。以期通过该技术获得原煤和生物作用残留煤样的 ^{13}C NMR 图谱和结构参数，厘清微生物作用降解煤样的过程。原煤和生物降解煤样的 ^{13}C NMR 图谱和结构参数计算结果（利用 PeakFit 软件进行分封拟合计算结构参数）分别见表 5-5 和图 5-5。

表 5-5　煤 ^{13}C NMR 结构参数计算结果（%）

编号	f_{al}	$f_{al}^{a,3}$	$f_{al}^{*,1,2}$	f_{al}^O	f_a	$f_a^{H,B}$	f_a^S	f_a^O	f_a^{COOH}	$f_a^{C=O}$
H1-0	44.677	11.036	30.612	3.029	20.896	9.422	4.069	7.405	4.766	5.507
H1-30	33.647	6.910	22.725	4.012	25.423	9.264	2.713	13.446	7.096	5.831
H1-50	41.039	9.922	26.558	4.559	25.206	9.698	2.723	12.785	7.931	7.370
H1-70	44.772	10.050	30.569	4.153	26.183	9.591	3.395	13.197	5.608	7.770
H1-90	37.16	6.390	27.294	3.476	25.347	10.923	2.638	11.786	6.249	5.773
H3-0	36.576	6.174	27.163	3.239	20.797	9.631	1.898	9.268	6.923	4.005
H3-30	26.502	11.136	11.218	4.148	24.845	11.260	4.342	9.243	8.193	4.396

续表

编号	f_{al}	$f_{al}^{a,3}$	$f_{al}^{*,1,2}$	f_{al}^{O}	f_{a}	$f_{a}^{H,B}$	f_{a}^{S}	f_{a}^{O}	f_{a}^{COOH}	$f_{a}^{C=O}$
H3-50	66.712	10.270	53.755	2.687	19.668	10.648	2.550	6.470	4.471	4.853
H3-70	58.49	10.811	43.854	3.825	19.482	10.201	1.755	7.526	5.679	3.213
H3-90	60.623	10.77	46.092	3.761	18.458	9.460	2.902	6.096	4.870	3.550
CY-0	42.3	13.141	25.707	3.452	24.544	10.848	2.826	10.870	5.140	7.012
CY-30	41.813	8.780	27.972	5.061	21.749	9.135	2.063	10.551	5.748	7.383
CY-50	40.009	4.750	30.572	4.687	27.971	10.049	1.558	16.364	6.441	8.720
CY-70	37.837	7.581	26.644	3.612	21.756	9.120	2.556	10.080	6.103	6.303
CY-90	42.951	14.480	26.161	2.310	24.268	7.939	2.717	13.612	5.096	4.137

注：H1-0、H3-0 和 CY-0 均指原煤。

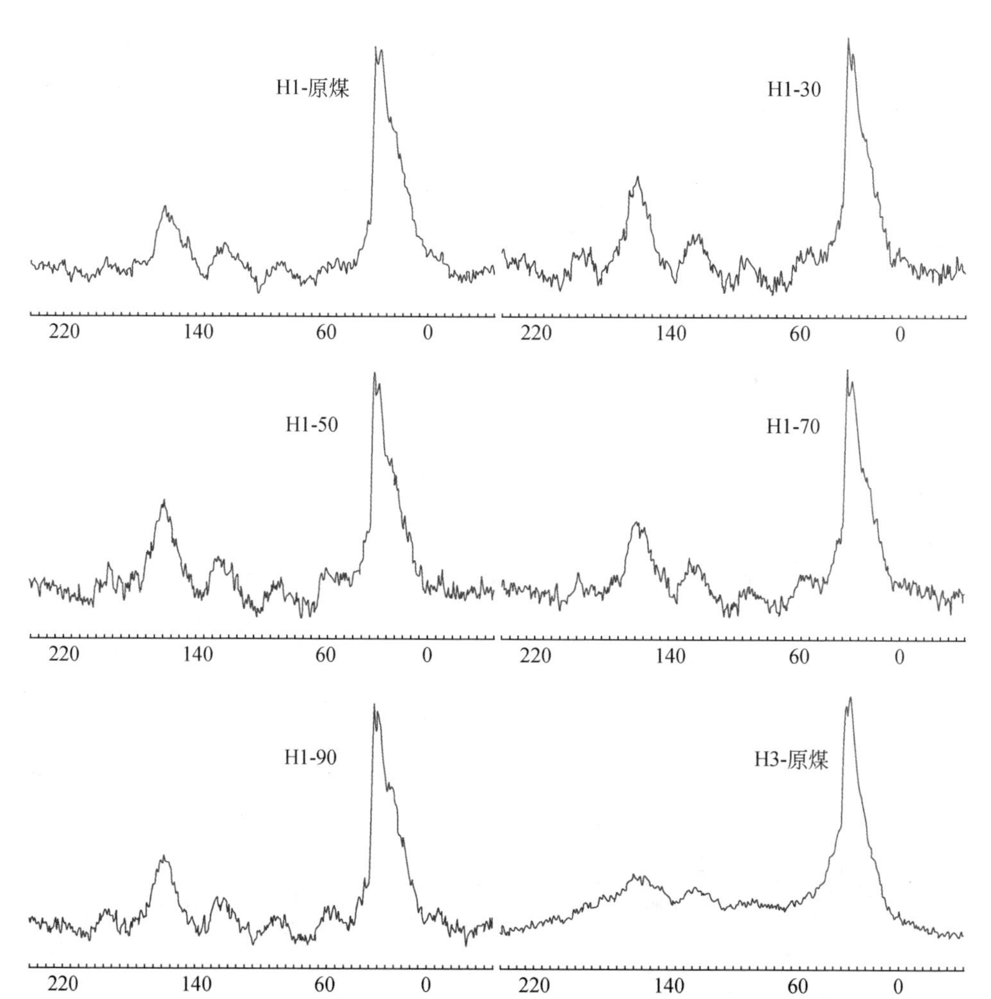

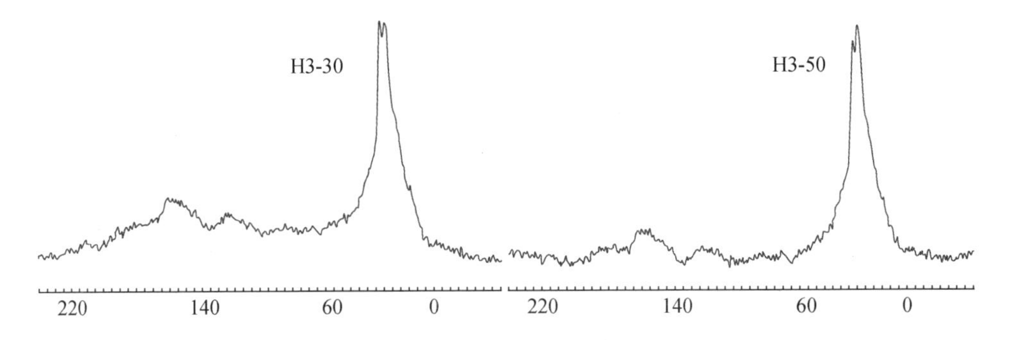
H3-30
H3-50
220
140
60
0
220
140
60
0

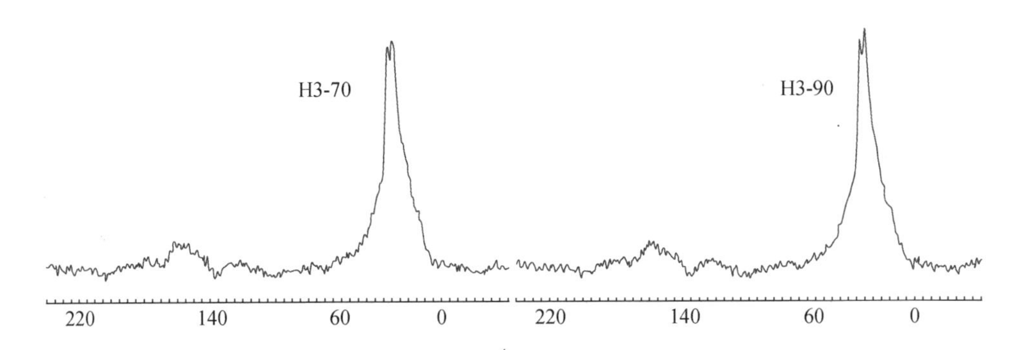
H3-70
H3-90
220
140
60
0
220
140
60
0

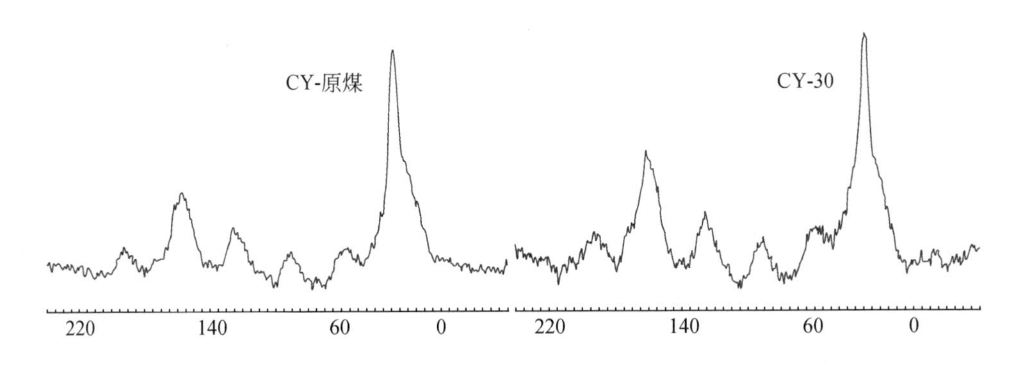
CY-原煤
CY-30
220
140
60
0
220
140
60
0

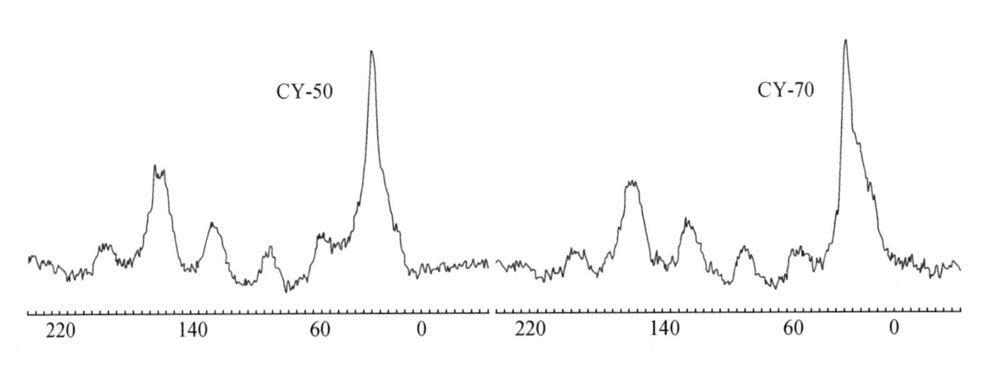
CY-50
CY-70
220
140
60
0
220
140
60
0

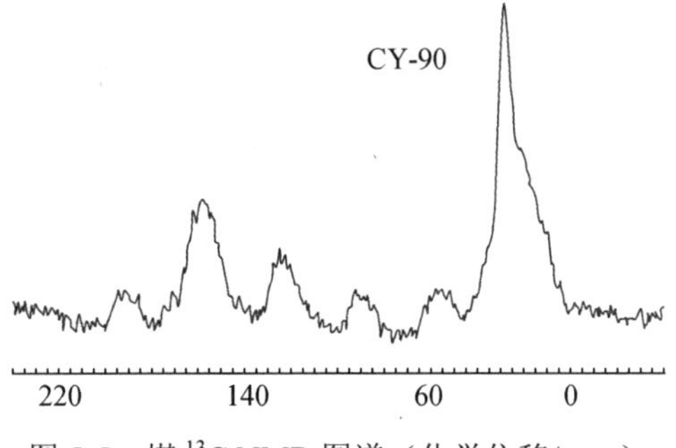

图 5-5 煤 ^{13}C NMR 图谱（化学位移/ppm）

可以看出，低煤级煤原煤及其生物作用残留煤样分别在 0～50ppm、50～60ppm、70～100ppm、100～135ppm、140～170ppm、180～220ppm 6 类化学位移范围内有较强的共振吸收峰，尤其以 0～50ppm 范围内的吸收峰强度最大，其主峰在 30ppm，140～170ppm 次之，主峰在 160ppm。这表明，在原煤及其生物作用残留煤样中均含有脂碳、芳碳、羧基碳和羰基碳，脂碳部分的共振吸收峰强度最大，含量最多，次之就是芳碳部分，羧基碳和羰基碳含量最少。脂碳中又以甲基、亚甲基、次甲基和季碳含量较多，尤其是含有较多的亚甲基，此外，甲氧基和碳水化合物环内与氧相接的碳也具有一定的含量。芳碳中以带质子芳碳和桥接芳碳，以及氧接芳碳含量较多，两者又以氧接芳碳含量最大，并具有一定含量的侧支芳碳、羧基碳和羰基碳。

5.1.2.1 脂碳

如图 5-6 所示，随着生物作用降解时间延长，$f_{al}^{a,3}$、$f_{al}^{*,1,2}$、f_{al}^{O} 总体呈现出“波折性”特征，有增有减。H1 和 H3 的 $f_{al}^{a,3}$ 变化幅度相仿，CY 的 $f_{al}^{a,3}$ 变化幅度最大，表现出 50d 以内大幅度降低，随后又上升（图 5-6（a））。与之相比，H1 和 CY 的 $f_{al}^{*,1,2}$ 变化幅度相仿，H3 的 $f_{al}^{*,1,2}$ 变化幅度最大，表现出先降低后增大再降低的总趋势（图 5-6（b））。看似 $f_{al}^{a,3}$ 和 $f_{al}^{*,1,2}$ 没有规律可循，但从变化幅度上可以发现，三组煤样中 $f_{al}^{a,3}$ 变化幅度大的，其 $f_{al}^{*,1,2}$ 变化幅度必然小，反之亦然。这说明微生物在降解脂碳链时对降解“位置”相对缺乏选择性，可以从甲基处降解，也可以从亚甲基、次甲基等其他“位置”降解，但如果其中某个“位置”降解力度较大，将会导致其他“位置”降解的就相对少。f_{al}^{O} 在三组煤样中总体呈现出随降解时间延长先增大后减小的趋势，在 30～50d 时含量最高［图 5-6（c）］，这可能与微生物的“多元化”作用方式有关，降解过程中会导致体系的自由基浓度增大，使得与氧相接的脂碳含量在前期有所增大，后期随着生物进一步降解而再次下降。也许正是这个原因使得三组煤样的脂碳率（f_{al}）在后期总体有增大的趋势［图 5-6（d）］。

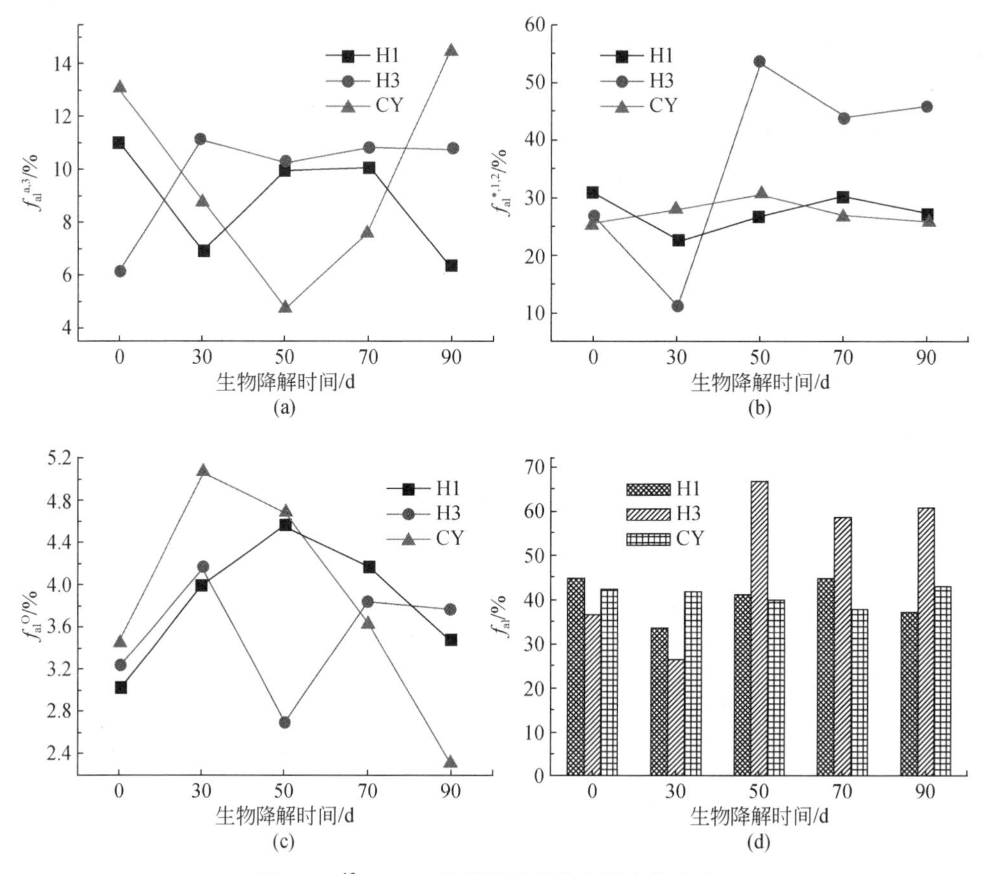

图 5-6　^{13}C NMR 图谱脂碳结构参数变化曲线

5.1.2.2　芳碳、羧基碳和羰基碳

与脂碳部分一样，随着生物降解时间的延长，$f_a^{H,B}$、f_a^S、f_a^O、f_a^{COOH}、$f_a^{C=O}$总体呈现出“波折性”特征（图 5-7），增减变化不一，但有规律可循。其中，H1 的 $f_a^{H,B}$ 随着降解时间的延长总体是增大的，CY 的 $f_a^{H,B}$ 却是总体减小的，H3 的 $f_a^{H,B}$ 则是先增大后减小［图 5-7（a）］。由此可见，微生物作用对于 H1 是加强了芳构化和缩聚程度，而对 CY 则是削弱了芳构化和环缩合的程度，这与红外光谱的分析结果一致。烷基取代碳（f_a^S）、氧接芳碳（f_a^O）、羧基碳（f_a^{COOH}）和羰基碳（$f_a^{C=O}$）在三组煤样中均表现出大致相同的趋势，其中 f_a^S 先减小后增大，在 50～70d 时 f_a^S 含量最低（图 5-7（b）），而 f_a^O、f_a^{COOH}、$f_a^{C=O}$ 三者均先增大后再减小，在 30～50d 时含量最高［图 5-7（c）、图 5-7（e）、图 5-7（f）］，这与 f_{al}^O 的变化规律一致。可见在生物作用过程中对烷基侧链降解力度较大，降解中前期这些烷基侧链含量均有所减小，而与氧相接的有机碳却是有所增大。

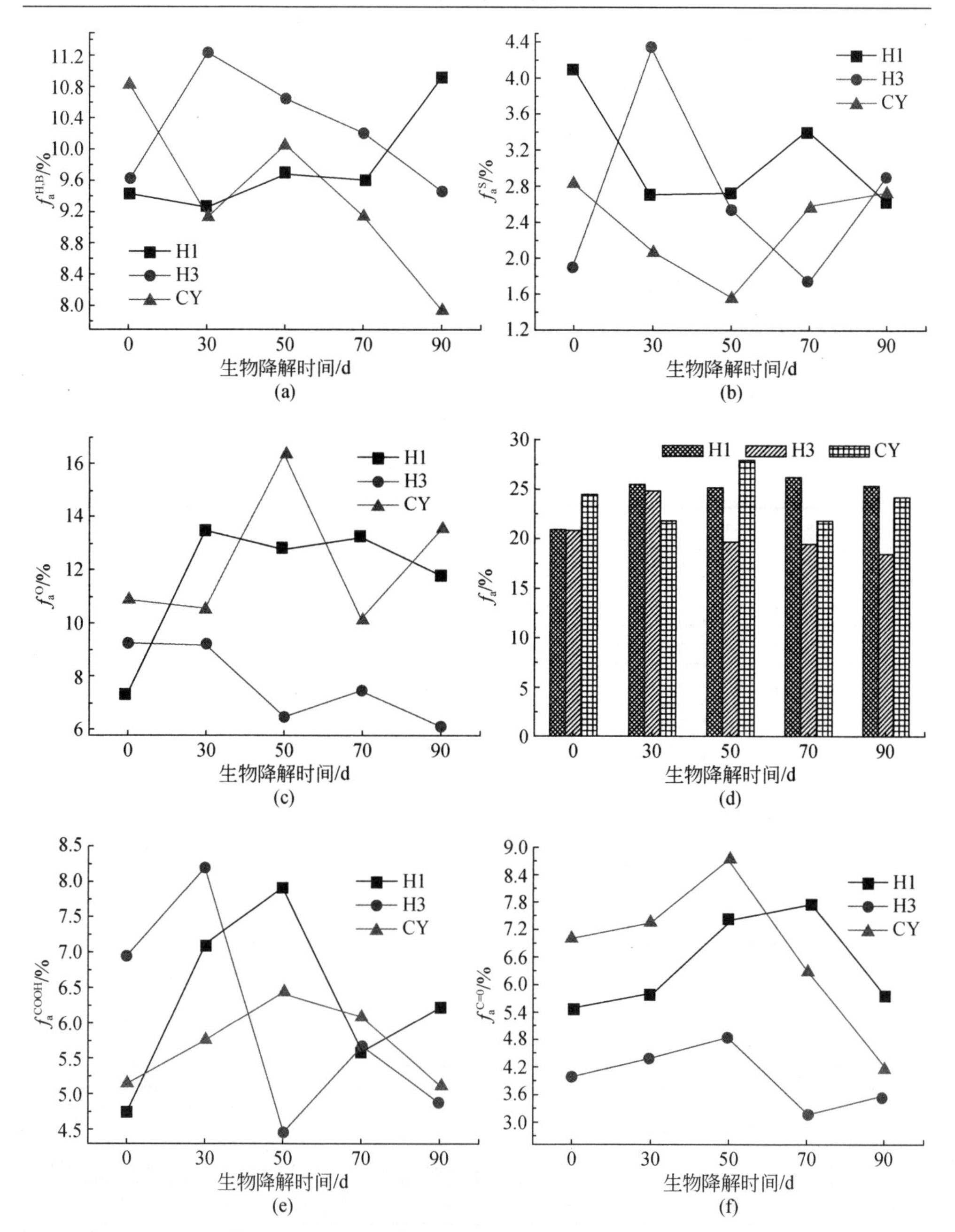

图 5-7 ^{13}C NMR 图谱芳碳部分结构参数、羧基碳和羰基碳变化曲线

此外，相较于脂碳率（f_{al}），三组煤样的芳碳率（f_{al}^{O}）均出现先上升后略有下降的大致趋势［图 5-7（d）］，结合前述的红外光谱分析可知，微生物是可以影响芳碳结构的，并已经显著地影响到了其含量的大小。

5.2 热解生气结构演化

对于低煤级煤的热模拟，前人较多地研究了热解过程中的气态产物特征、生烃动力学机制及其地球化学特征等（刘全有，2001；刘全有等，2002，2007；段毅等，2005c；李美芬，2009；曾凡桂和贾建设，2009；陶明信等，2014），而对热解固体残渣的结构演化的定量性研究相对较少。鉴于此，本书对封闭体系热模拟实验所得到的煤岩固体残渣开展傅里叶红外光谱（FTIR）实验，主要吸收峰相对峰面积计算结果见表 5-6。

表 5-6 煤样热解过程中 FTIR 主要吸收峰相对峰面积

编号	热模拟温度/℃	$R_{o,max}$/%	A_{2950}/%	A_{2920}/%	A_{2850}/%	A_{1700}/%	A_{1600}/%	A_{1450}/%	A_{870}/%	A_{810}/%	A_{750}/%
H1	原煤	0.34	10.86	41.37	17.38	2.15	45.58	3.15	1.49	9.98	11.64
	250	0.95	10.61	21.86	19.41	2.48	37.18	4.89	1.66	11.52	13.83
	300	1.00	12.59	22.42	20.06	1.64	27.83	19.37	24.58	17.10	20.88
	350	1.26	16.35	27.93	25.67	0.62	18.37	35.55	25.21	20.19	25.13
	400	2.05	14.60	22.21	12.29	—	10.36	50.15	22.74	23.72	24.24
	450	2.24	11.89	11.18	8.67	—	8.37	57.35	17.90	17.03	20.66
	500	2.75	8.37	4.62	3.06	—	4.61	56.68	15.00	17.08	15.45
H3	原煤	0.35	8.45	48.22	13.07	8.96	35.17	2.62	5.19	1.92	3.80
	250	0.63	13.22	37.24	13.50	3.50	21.38	13.16	5.79	10.74	12.68
	300	0.95	22.08	25.03	9.36	0.34	24.45	27.00	31.03	13.52	23.67
	350	1.48	12.60	22.79	7.98	—	27.81	43.31	19.09	7.94	13.90
	400	1.96	17.18	23.98	5.10	—	22.39	39.58	13.10	7.81	15.72
	450	2.48	1.55	1.64	1.00	—	7.84	41.96	13.57	5.20	26.65
	500	2.61	3.77	3.19	1.31	—	10.61	55.92	24.05	9.13	25.96
CY	原煤	0.53	6.47	31.59	22.37	2.94	24.41	4.28	11.13	16.53	15.27
	250	0.67	8.86	30.90	22.44	2.32	12.23	10.33	18.55	28.45	16.39
	300	0.80	12.27	30.99	25.76	2.11	22.33	10.47	13.17	22.16	24.96
	350	1.29	15.21	14.49	9.63	—	15.58	13.59	34.06	19.94	34.02
	400	1.96	7.33	7.97	6.54	—	19.73	16.44	17.19	25.40	20.34
	450	2.11	2.22	1.59	1.36	—	7.87	10.34	12.40	15.29	14.41
	500	2.81	0.98	1.03	0.98	—	7.94	2.27	12.42	12.05	17.75

注：—代表无数据。

如图 5-8 所示，从图谱上看，热解过程中变化比较显著的基团振动形式有处于宽吸收带的 OH 的伸缩振动（3400 cm^{-1}）、芳核上的 CH 伸缩振动（3050 cm^{-1}）、脂肪族 CH_2 不对称伸缩振动（2920 cm^{-1}）、脂肪族 CH_2 对称伸缩振动（2850 cm^{-1}）、芳烃 C=C 骨架振动（1600 cm^{-1}）、烷链结构上的 CH_3、CH_2 不对称变形振动（1450 cm^{-1}）、脂族 CH_3 对称弯曲振动（1380 cm^{-1}），以及芳烃中 CH 面外变形振动（870 cm^{-1}、810 cm^{-1}、750 cm^{-1}）。随着热模拟温度逐渐升高，3 个煤样 OH 的伸缩振动吸收峰快速消失不见，羟基含量在低温 250℃时就已明显降低，也印证了羟基的减少主要发生在 $R_{o,max}$ 位于 0.5%之前（张科等，2009）；2920 cm^{-1} 和 2850 cm^{-1} 处的脂肪族 CH_2 不对称和对称伸缩振动吸收峰强度均随着热解温度的升高（或 $R_{o,max}$ 的增大）而总体减弱［图 5-9（b）和图 5-9（c）］，但在低煤化阶段变化幅度较小，在 $R_{o,max}$ 位于 1.0%之后明显降低（张科等，2009），相比之下，同为脂族结构的 CH_3、CH_2 不对称变形振动吸收峰强度却有总体增强的趋势，仅有 CY 组在 500℃的高演化阶段出现显著降低。随着温度升高，1380 cm^{-1} 处的脂族 CH_3 对称弯曲振动吸收峰强度是减弱的，基本在 350～400℃以后其吸收峰便消失，而芳核上的 CH 伸缩振动吸收峰强度较弱，但有增大的趋势，说明芳构化作用在加强（图 5-8）。

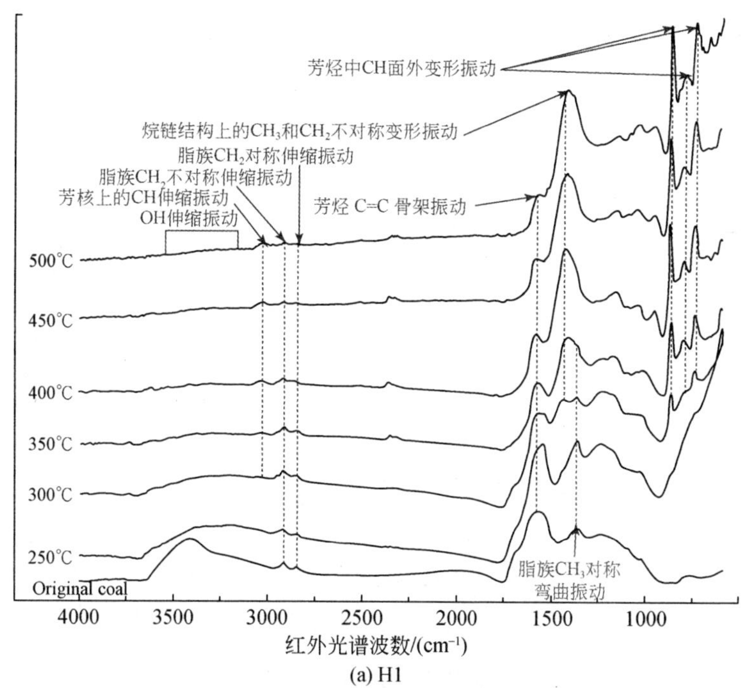

(a) H1

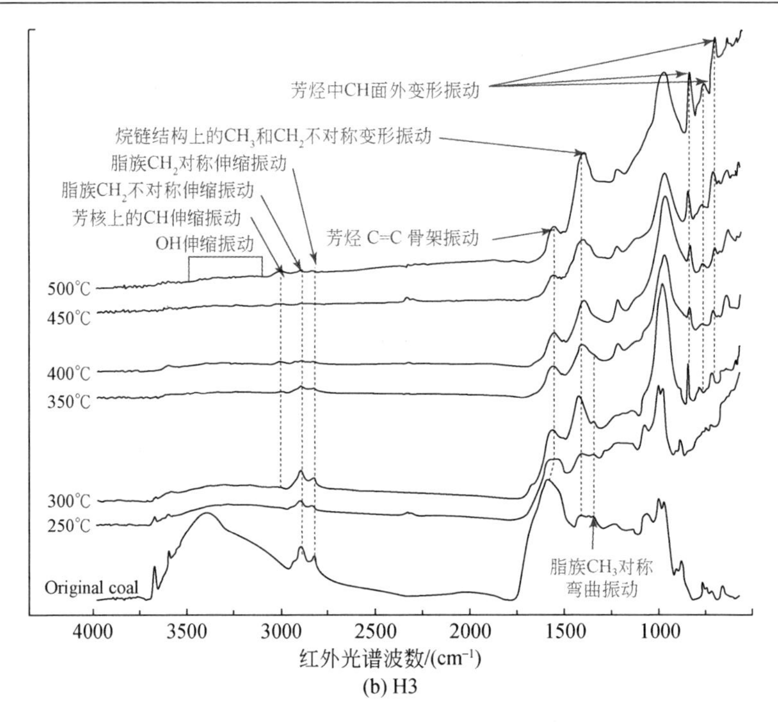

(b) H3

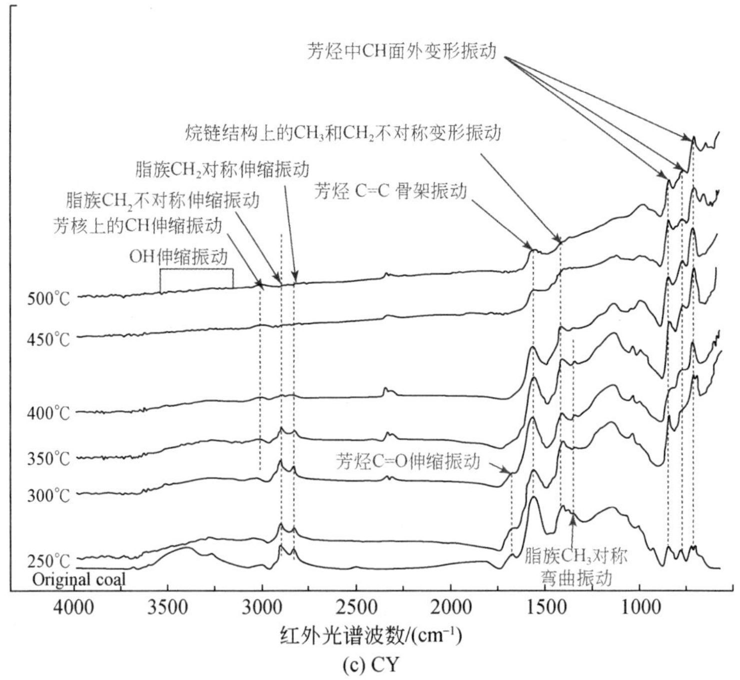

(c) CY

图 5-8　原煤及热解固体残渣 FTIR 图谱

如图 5-9（a）、图 5-9（d）、图 5-9（e）和图 5-9（f）所示，2950 cm^{-1}、870 cm^{-1}、

810 cm^{-1}、750 cm^{-1} 4 处吸收峰强度的变化呈现了相同的规律，均是随着 $R_{o,max}$ 的增大先增高后降低，拐点位于 $R_{o,max}$=1.25%～1.5%的范围内，这与第二次煤化作用跃变点（$R_{o,max}$=1.3%）相吻合，显然这绝不是一种巧合，这与煤化作用机制密切相关。

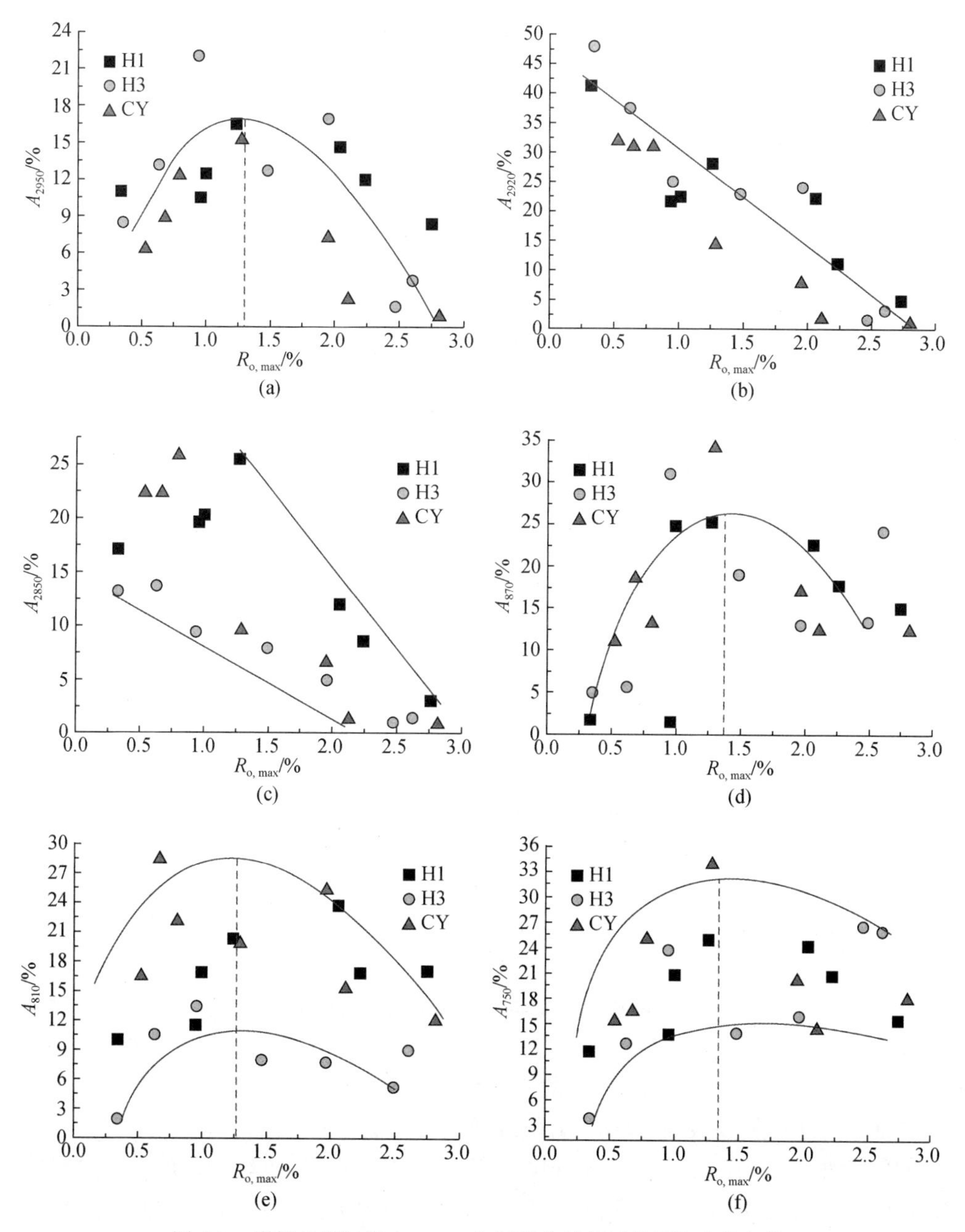

图 5-9　煤样热解过程中 FTIR 主要吸收峰相对峰面积变化规律

究其原因，在热力作用下，$R_{o,max}$ 在 1.3%之前已经历经了煤化作用的两次跃变，第一次跃变之前的阶段（$R_{o,max}$＜0.6%）以含氧官能团和脂肪侧链的脱除为主，使得煤分子结构不断纯化，第一次与第二次煤化作用跃变之间的阶段（0.6%＜$R_{o,max}$＜1.3%），沥青化作用明显，长链脂肪烃断裂为短链脂肪烃，脂肪烃含量逐渐降低，但煤中的氢并未以 CH_4 的形式大量析出，而是寄存在短链脂肪烃中，由此造成甲基含量在一定程度上有所增加，2950 cm^{-1} 处的脂肪族 CH_3 不对称伸缩振动吸收峰强度增大，此外，该过程中伴有部分的芳构化和环缩合作用，但更凸显芳构化作用，使得芳烃中 CH 面外变形振动得以加强，致使 870 cm^{-1}、810 cm^{-1}、750 cm^{-1} 三处的吸收峰强度也有所增大。在 $R_{o,max}$ 位于 1.3%以后的高演化阶段，一方面，煤中羧基、羰基等含氧官能团和烷基侧链几乎脱落殆尽，煤中大量的氢以 CH_4 的形式析出，由此造成甲基含量减小，2950 cm^{-1} 处脂肪族 CH_3 不对称伸缩振动吸收峰强度有所降低；另一方面，强烈的环缩合作用使得芳环结构的稠合度增加，阻碍了芳烃中 CH 面外变形振动，其振动变得不易，导致 70 cm^{-1}、810 cm^{-1}、750 cm^{-1} 三处的吸收峰强度降低。

结合上述各个官能团的演化规律，选取 L_{Al}、I_{H1}、I_{H2}、I_O、I_{Ar}、A 因子和 C 因子 7 个红外参数来表征热演化过程中煤结构的演变，分述如下。

L_{Al}=A_{2920} cm^{-1} /A_{2950} cm^{-1}，此参数表征样品的富脂状况，反映脂肪链的长短和支链化程度，该参数越大，则表明样品中的脂肪链越长，生烃潜力越大。

I_{H1}=A_{2920} cm^{-1} /A_{1600} cm^{-1}，I_{H2}=A_{2850} cm^{-1} /A_{1600} cm^{-1}，这两个参数表征样品的富氢程度，也可反映出脂肪烃的含量和生烃潜力。

I_O=A_{1700} cm^{-1} /A_{1600} cm^{-1}，此参数可表征样品的富氧程度。

I_{Ar}=（$A_{870+810+750}$ cm^{-1}）/A_{1600} cm^{-1}，此参数可表征样品的芳构化程度，尤其能够反映出芳香结构的缩合程度。

A 因子=（A_{2920} cm^{-1} + A_{2850} cm^{-1}）/（A_{2920} cm^{-1} + A_{2850} cm^{-1} + A_{1600} cm^{-1}）；C 因子=A_{1700} cm^{-1} /（A_{1700} cm^{-1} + A_{1600} cm^{-1}），其中，A 因子代表样品中脂肪碳与芳香碳的红外吸收强度之比，可表征生油气的潜力的大小，A 因子随着温度的升高是不断减小的，说明随着样品成熟度的提高，其残余产烃率是不断降低的，C 因子则代表样品中含氧基团与芳香碳的红外吸收强度之比（张蕤和孙旭光，2008）。

本次实验计算的红外参数见表 5-7，其中，L_{Al} 值随着热解温度的升高和成熟度的增大逐渐降低［图 5-10（a）］，但其变化呈现出明显的阶段性，在第二次煤化作用跃变（$R_{o,max}$＜1.3%）之前的未成熟和成熟（沥青化作用）阶段，L_{Al} 值迅速降低，而之后的高成熟阶段，L_{Al} 值降低速度变缓，说明煤化程度的加深对其产生的影响变得微弱，这反映出在褐煤转变为高挥发分烟煤过程中，脂肪链就已经大量脱落。与之相比，随着热解温度的升高，I_{H1} 和 I_{H2} 则以第二次煤化作用跃变点（$R_{o,max}$=1.3%）为拐点先升高后降低［图 5-10（b）和图 5-10（c）］，这说明

在 $R_{o,max}$<1.3%之前烷基侧链脱除和长链裂解为短链的过程是富集氢的，而之后煤中的氢以 CH_4 的形式大量析出，I_{H1} 和 I_{H2} 值才逐渐减小。巧合的是，A 因子的变化规律与 I_{H1} 和 I_{H2} 的一致，也是以 $R_{o,max}$=1.3%为转折点先升高后降低［图 5-10（d）］，这也表明生烃潜力前期是增大的，高成熟阶段以后才减小。此外，I_O 和 C 因子呈减小趋势，I_{Ar} 呈增大趋势（表 5-7），这表明热解过程中不断脱氧和富碳，这与自然界的煤化作用过程一致。

表 5-7 煤样热解过程中 FTIR 参数

编号	热模拟温度/℃	$R_{o,max}$/%	L_{Al}	I_{H1}	I_{H2}	I_O	I_{Ar}	A 因子	C 因子
H1	原煤	0.34	3.81	0.91	0.38	0.05	0.51	0.56	0.04
	250	0.95	2.06	0.59	0.52	0.07	0.73	0.53	0.06
	300	1.00	1.78	0.81	0.72	0.06	2.25	0.60	0.05
	350	1.26	1.71	1.52	1.40	0.03	3.84	0.74	0.03
	400	2.05	1.52	2.14	1.19	—	6.82	0.77	—
	450	2.24	0.94	1.34	1.03	—	6.64	0.70	—
	500	2.75	0.55	1.00	0.66	—	10.31	0.62	—
H3	原煤	0.35	5.71	1.37	0.37	0.25	0.31	0.64	0.20
	250	0.63	2.82	1.74	0.63	0.16	1.37	0.70	0.14
	300	0.95	1.13	1.02	0.38	0.01	2.79	0.58	0.01
	350	1.48	1.81	0.82	0.29	—	1.47	0.53	—
	400	1.96	1.40	1.07	0.23	—	1.64	0.56	—
	450	2.48	1.06	0.21	0.13	—	5.79	0.25	—
	500	2.61	0.85	0.30	0.12	—	5.57	0.30	—
CY	原煤	0.53	4.88	1.29	0.92	0.12	1.76	0.69	0.11
	250	0.67	3.49	2.53	1.83	0.19	5.18	0.81	0.16
	300	0.80	2.53	1.39	1.15	0.09	2.70	0.72	0.08
	350	1.29	0.95	0.93	0.62	—	5.65	0.61	—
	400	1.96	1.09	0.40	0.33	—	3.19	0.42	—
	450	2.11	0.72	0.20	0.17	—	5.35	0.27	—
	500	2.81	1.05	0.13	0.12	—	5.32	0.20	—

注：—代表无数据。

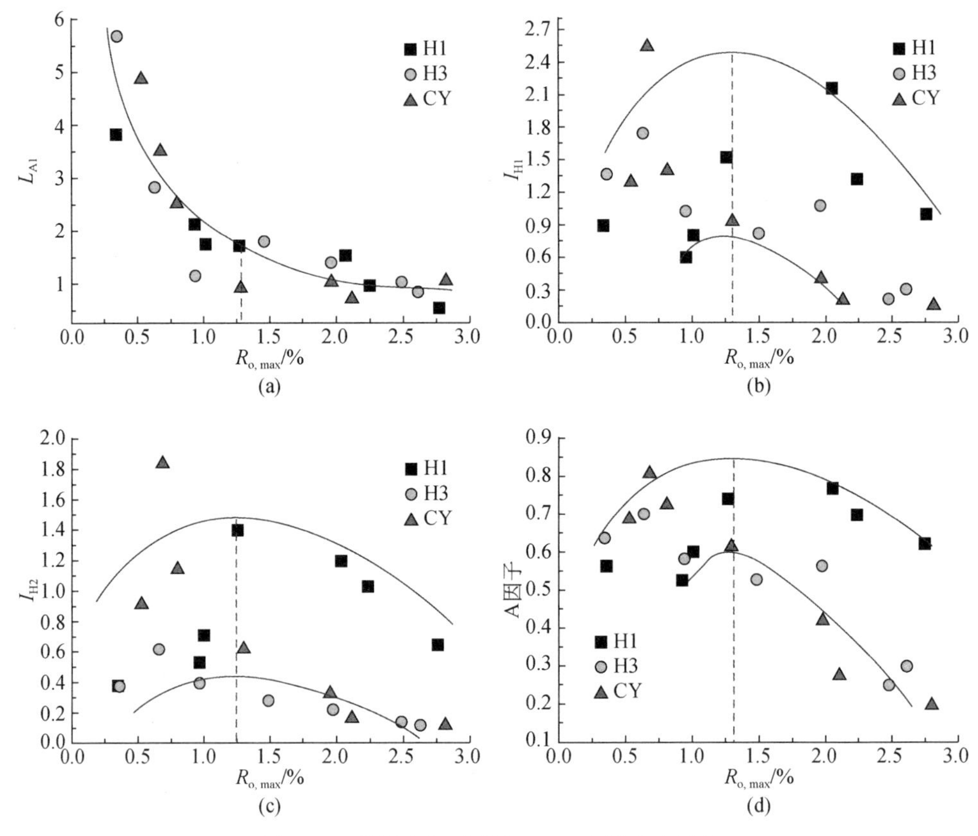

图 5-10 煤样热解过程中 FTIR 参数变化规律

5.3 热解烷烃气碳同位素与结构演化的关系模型

低煤级煤热解过程中烷烃气碳同位素与结构演化的关系模型如图 5-11 所示。随温度的升高，镜质组最大反射率（$R_{o,max}$）增大，甲烷和乙烷的碳同位素呈现先变轻后变重的趋势，而丙烷的碳同位素却一直在变重，尤其是在 $R_{o,max}$>2.0%以后骤然变重。

一方面，$\delta^{13}C_{CH_4}$ 和 $\delta^{13}C_{C_2H_6}$ 的值与上述红外参数（L_{Al}、I_{H1}、I_{H2} 和 A 因子）同样以第二次煤化作用跃变点（$R_{o,max}$=1.3%）为拐点呈现明显的阶段性，两者的同位素呈现先变轻后变重的趋势，可见热解烷烃气中甲烷和乙烷碳同位素组成与煤脂链结构演化的转折点相同，具有同步性；另一方面，$\delta^{13}C_{C_3H_8}$ 在整个热解过程中均是变重的趋势，尤其是在 $R_{o,max}$>2.0%以后骤然变重，I_{Ar} 也是在 $R_{o,max}$>2.0%以后有迅速增大的趋势，可推测在环缩合加剧过程中有含重碳同位素的环内物质被释放形成丙烷。究其原因，主要归结于 3 点：一是，煤中有机质芳核与侧链的碳同位素组成的非均匀分布；二是，煤脂链碳碳键的断裂倾向；三是，煤化作用的跃变机制。

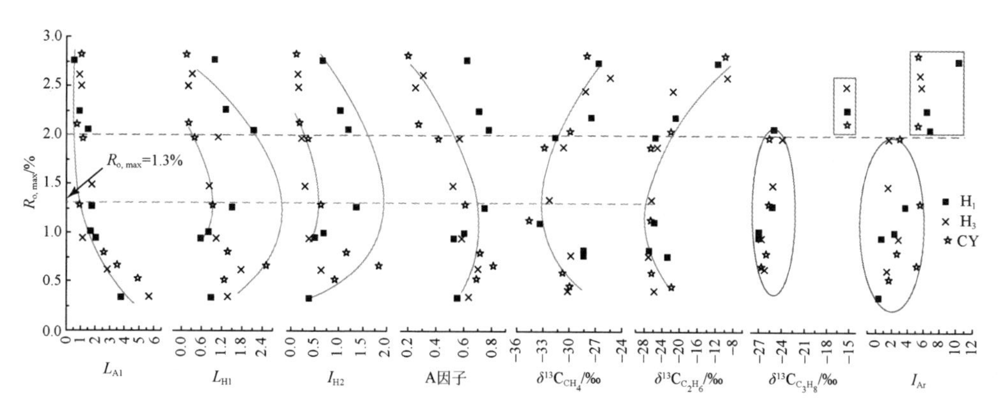

图 5-11　热解烷烃气碳同位素与结构演化的关系模型

热演化过程是有机质不断发生着“缩聚”和“热解”这一对相互矛盾的“两极分化”过程，不同阶段矛盾的双方所占的优势会有所不同。当 $R_{o,max}$<1.3%时，以“热解”作用为主，脂肪链快速裂解变短，部分脂链裂解形成甲烷、乙烷和丙烷等重烃气。芳核富 ^{13}C，类脂侧链富 ^{12}C，并倾向于 ^{12}C-^{12}C 键的断裂，使得甲烷和乙烷的碳同位素在逐渐变轻，而相对重碳同位素被缓慢保留在丙烷等长链中；$R_{o,max}$>1.3%以后进入高成熟阶段，“热解”作用居于次要地位，转而以“缩聚”作用为主，尤其是大量湿气在 1.3%<$R_{o,max}$<2.0%阶段形成，这一阶段甲烷、乙烷和丙烷的含量是进一步增大的，但甲烷和乙烷的碳同位素出现了逆转，在缓慢变重，丙烷碳同位素也在缓慢变重，环内重碳物质大量释放只能会使得三者的碳同位素骤然变重，可以推断该阶段保留在长链中，重碳同位素的释放才是三者碳同位素变重的主要原因；当 $R_{o,max}$>2.0%时，芳香缩合加剧，芳环结构稠合度加大，乙烷、丙烷等湿气快速裂解成为甲烷，其含量大幅度降低，烷烃气以干气为主，甲烷含量很高，但丙烷的碳同位素却迅速变重，在丙烷含量下降的情况下仍有较重的碳同位素组成，这说明在热演化晚期，芳化、环化和芳环解体进程的加快会使得含重碳同位素的环内物质被脱除进入产物，导致丙烷碳同位素组成骤然变重。由此可见，$R_{o,max}$=1.3%和 2.0%是煤热演化过程中结构演化与烷烃气碳同位素组成关联性的重要节点。

5.4　小　　结

本章借助于 FTIR 和 ^{13}C NMR 技术对低煤级煤生物作用和热解后的煤体结构开展了研究。取得如下认识。

1）在微生物作用过程中，煤脂链降解显著，微生物对低煤级煤的作用方式是多元化的，降解煤中的脂族结构的同时还存在影响到芳香族结构的其他方式，推测可能是微生物具有使得煤中大分子不溶结构变得部分可溶的能力有关。

2）随着 $R_{o,max}$ 的增大，L_{Al} 值逐渐降低，I_{H1}、I_{H2} 和 A 因子则先升高后降低，四者均以第二次煤化作用跃变点（$R_{o,max}$=1.3%）为分界点呈现不同的阶段性。$R_{o,max}$<1.3%之前的阶段是富集氢的，而之后煤中的氢才以 CH_4 的形式大量析出。

3）在热演化前期（$R_{o,max}$<1.3%），轻碳同位素被剥离掉较多，甲烷和乙烷的碳同位素逐渐变轻，重碳同位素被保留在长链中；当 $R_{o,max}$>1.3%时以芳构化和环缩合为主，但环内的重碳物质并没有大量分馏出去，烷烃气碳同位素的变化还是以脂链进一步裂解为主，致使原先保留在长链中较重的碳同位素得以释放，此时甲烷和乙烷的碳同位素才缓慢变重；当 $R_{o,max}$>2.0%后，由于芳化、环化和芳环解体进程加快，含重碳同位素的环内物质被脱除进入产物，此时丙烷碳同位素组成才骤然变重。$R_{o,max}$=1.3%和 2.0%是煤热演化过程中结构演化与烷烃气碳同位素组成相关性的重要节点。

6 结　　论

本书以低煤级煤作为研究对象，利用封闭式厌氧培养方式开展了低煤级煤生物成因气模拟，运用封闭体系下的常规热压技术进行了低煤级煤热成因气模拟。基于 FTIR 和 ^{13}C NMR 技术对生物作用降解和热解后的煤体结构开展了研究。得出了以下新的认识。

1）基于封闭式厌氧恒温振动培养模式，利用富集后的菌种液成功地模拟了低煤级煤次生生物成因气的产出过程，重点揭示了产出气组分及其碳氢同位素组成的变化规律。

a.封闭式厌氧恒温培养模式产出次生生物气途径以乙酸发酵为主，CH_4 和 CO_2 是产出气的主要成分，几乎不含重烃气，且随着降解时间的延续，两者的含量变化具有同步效应，均呈现“波折式”缓慢上升趋势。在绝大多数情况下，降解初期产出气中 CO_2 含量较高，CH_4 含量相对较低，在降解中后期，相比于 CO_2，CH_4 含量以“波折式”快速增大。

b.随着微生物作用产气时间的延长，δD_1 值有总体变轻的趋势，CH_4 和 CO_2 的碳同位素呈现“镜像”对称关系，$\delta^{13}C_1$ 值越轻，$\delta^{13}C_{CO_2}$ 值就越重，这主要是因为产出气同位素组成对母质的继承效应，使得轻碳同位素被分馏到 CH_4 中，重碳同位素被分馏到 CO_2 中。

2）揭示了“多元化”的生物作用降解方式，寻找到了煤岩遭受降解的生物标志化合物证据，并结合生物气组分与碳氢同位素组成，提出了具有生物作用煤层气成因的综合判据。

a.可溶有机质（沥青部分）和不溶有机质可能均参与了微生物降煤过程，体现出生物作用方式的“多元化”。色谱分析表明三组煤样的正构烷烃在原始沉积环境中就已经遭受过生物降解，一般情况是，长链正构烷烃被降解为低碳数的正构烷烃。

b.具有生物作用的煤层气成因综合判据体现在两个方面：证据一，采集气样与模拟产出气气体组分偏干，烃气以 CH_4 为主，几乎不含重烃气，且 $\delta^{13}C_1$ 值绝大部分小于 55‰；证据二，在 H1、H3 中检出了 C_{29}-藿烯、C_{30}-藿烯和 C_{29}～C_{32}—$\beta\beta$ 生物藿烷系列，CY 中检出了 C_{24} 四环二萜烷和 C_{31}～C_{34} 五环三萜等生物标志化合物，佐证了成岩作用早期有微生物的改造作用。

3）分析了生物作用过程中低煤级煤脂族结构和芳香结构的变化，阐述了煤生物作用降解结构演化机制。

在低煤级煤微生物作用降解过程中，煤中脂链降解较为显著，还发现了存在影响到芳香族结构的其他方式，推测可能微生物具有使得煤中大分子不溶结构变得部分可溶的能力有关。

4）基于封闭体系下的生烃热模拟实验，分析了热解气组分和产率特征，建立了 CH_4 和 CO_2 产率模型，划分了产率曲线阶段，构建了 δD_{CH_4} 与 $R_{o,max}$ 两者之间的关系模型。揭示了 $\delta^{13}C_{CH_4}$、$\delta^{13}C_{C_2H_6}$ 和 $\delta^{13}C_{C_3H_8}$ 随 $R_{o,max}$ 增大变化的原因，并建立了热解烷烃气碳同位素与结构演化的关系模型。

a.低煤级煤生烃热模拟实验表明，随着热解温度的升高，CO_2 含量逐渐降低，CH_4 含量不断增大，重烃气（C_2～C_5）含量和产率绝大部分以 400℃（热解固体残渣 $R_{o,max}$ 为 2.0%左右）为界先上升后下降，并逐渐消失。CH_4 产率符合指数函数增长模型，CO_2 产率符合对数函数增长模型，可将两者的产率曲线以 $R_{o,max}$=1.3%和 2.0%为分界点划分出“三段式”变化。δD_{CH_4} 值与 $R_{o,max}$ 之间符合三次四项式分布，随着 $R_{o,max}$ 增大，甲烷的氢同位素不断变重。

b.热演化前期甲烷和乙烷的碳同位素逐渐变轻，重碳同位素被保留在长链中，当 $R_{o,max}$＞1.3%时芳构化和环缩合程度加剧，但烷烃气碳同位素的变化还是以受脂链裂解的影响为主，致使原先保留在长链中的重碳同位素得以释放，甲烷和乙烷的碳同位素才缓慢变重。在 $R_{o,max}$＞2.0%后，芳化、环化和芳环解体进程加快，可能会使得含重碳同位素的环内物质被脱除进入产物，此时烷烃气碳同位素组成才骤然变重。热解过程中在 $R_{o,max}$＜2.0%时，CH_4、C_2H_6 和 C_3H_8 的碳同位素变化主要是由脂链倾向性断裂造成的；当 $R_{o,max}$＞2.0%时，可能主要是由含重碳同位素的环内物质被脱除进入产物造成的。

参 考 文 献

鲍园. 2013. 生物成因煤层气定量判识及其成藏效应研究[D]. 徐州：中国矿业大学.

鲍园，韦重韬，王超勇. 2013. 不同成因类型煤型气地球化学特征及其判识意义[J]. 地球科学——中国地质大学学报，38（5）：1037-1046.

彼得斯，莫尔多万. 1995. 生物标志化合物指南：古代沉积物和石油中分子化石的解释[M]. 姜乃煌译. 北京：石油工业出版社.

曹代勇，李小明，魏迎春，等. 2005. 构造煤与原生结构煤的热解成烃特征研究[J]. 煤田地质与勘探，33（4）：39-41.

曹代勇，李小明，张守仁. 2006. 构造应力对煤化作用的影响——应力降解机制与应力缩聚机制[J]. 中国科学：地球科学，36（1）：59-68.

车长波，李玉喜，杨虎林，等. 2009. 煤层气资源评价报告. 北京：地质出版社

陈莞. 1997. 煤中非共价键行为的研究[D]. 上海：华东理工大学.

程柱. 2010. 煤热解过程多环芳烃生成规律研究[D]. 太原：太原理工大学.

戴金星. 1995. 中国含油气盆地的无机成因气及其气藏[J]. 天然气工业，15（3）：22-27.

戴金星，陈英. 1993. 中国生物气中烷烃组分的碳同位素特征及其鉴别标志[J]. 中国科学：化学生命科学地学，（3）：303-310.

戴金星，戚厚发，宋岩，等. 1986. 我国煤层气组分、碳同位素类型及其成因和意义[J]. 中国科学：B 辑，12：1317-1326.

丁安娜，惠荣耀，应光国. 1991. 产甲烷菌生物地球化学作用的研究[J]. 地球科学进展，6（3）：62-68.

丁安娜，连莉文，张辉. 1995. 1845m～2608m 气源岩中产甲烷菌的富集培养和发酵产气实验研究[J]. 沉积学报，13（3）：117-125.

董鹏伟，岳君容，高士秋，等. 2012. 热预处理影响褐煤热解行为研究[J]. 燃料化学学报，40（8）：897-905.

段旭琴，曲剑午，王祖讷. 2009. 低变质烟煤有机显微煤岩组分的孔结构分析[J]. 中国矿业大学学报，38（2）：224-228.

段毅，吴保祥，郑朝阳，等. 2005a. 煤层气组分的形成演化模拟实验研究[J]. 科学通报，50（增刊 I）：27-31.

段毅，吴保祥，郑朝阳，等. 2005b. 煤岩生气热模拟及其对煤层气形成的示踪意义[J]. 天然气工业，2005：66-69.

段毅，吴保祥，郑朝阳. 2005c. 煤岩及泥炭成熟度热模拟研究——镜质组反射率演化特征及其

地质意义[J]. 中国矿业大学学报，34（3）：338-342.
段毅，赵阳，曹喜喜. 2014. 热解煤成甲烷碳同位素演化及其动力学研究[J]. 中国矿业大学学报，43（1）：64-71.
范璞. 1987. 指示沉积古环境的生物标志化合物[C]//中国科学院兰州地质研究所生物气体地球化学开放研究实验室研究年报. 兰州：甘肃科学技术出版社.
冯杰，李文英，谢克. 2002. 傅里叶红外光谱法对煤结构的研究[J]. 中国矿业大学学报，31（5）：362-366.
傅家谟，徐世平，盛国英，等. 1987. 抚顺煤树脂体成烃的初步研究（Ⅱ）[M]//中国科学院地球化学研究所有机地球化学开放研究实验室研究年报. 北京：科学出版社.
傅家谟，刘德汉，盛国英，等. 1990. 煤成烃地球化学[M]. 北京：科学出版社.
傅家谟，盛国英，许家友，等. 1991. 应用生物标志化合物参数判识古沉积环境[J]. 地球化学，3（1）：1-12.
傅小康. 2006. 中国西部低阶煤储层特征及其勘探潜力分析 [D]. 北京：中国地质大学.
傅雪海，焦宗福，秦勇，等. 2005. 低煤级煤平衡水条件下吸附实验[J]. 辽宁工程技术大学学报（自然科学版），24（2）：161-164.
傅雪海，秦勇，韦重韬. 2007. 煤层气地质学[M]. 徐州：中国矿业大学出版社.
傅雪海，路露，葛燕燕，等. 2012. 我国褐煤资源及其物性特征[J]. 煤炭科学技术，40（10）：104-107，112.
高飞. 2011. 构造煤微观结构与甲烷吸附相关性研究[D]. 焦作：河南理工大学.
高晋生，陈芜，颜涌捷. 1998. 煤大分子在有机溶剂中的溶解溶胀行为及其交联本性[J]. 华东理工大学学报，318-323.
高玲，宋进. 1998. 云南保山盆地生物气生成模拟实验及生物气资源预测[J]. 成都理工学院学报，25（4）：487-494.
葛立超，张彦威，王智化，等. 2014. 微波脱水改性对我国典型褐煤热解特性的影响[J]. 中国电机工程学报，34（11）：1717-1724.
关德师. 1990. 甲烷菌的生成条件与生物气[J]. 天然气工业，10（5）：13-20.
韩德馨. 1996. 中国煤岩学[M]. 徐州：中国矿业大学出版社.
韩峰，张衍国，蒙爱红. 2014. 云南褐煤结构的 FTIR 分析[J]. 煤炭学报，39（11）：2293-2299.
郝琦. 1987. 煤的显微孔隙形态特征及其成因探讨[J]. 煤炭学报，（4）：51-57.
贺建桥. 2004. 神山侏罗系褐煤生烃模拟实验研究[D]. 兰州：中国科学院兰州地质研究所.
黄第藩，秦匡宗，王铁冠，等. 1995. 煤成油的形成和成烃机理[M]. 北京：石油工业出版社.
简阔，傅雪海，王可新，等. 2014. 中国长焰煤物性特征及其煤层气资源潜力[J]. 地球科学进展，29（9）：1065-1074.
金奎励，赵长毅，刘大猛，等. 1997. 当代煤及有机岩研究新技术[M]. 北京：地质出版社.
琚宜文. 2003. 构造煤结构演化与储层物性特征及其作用机理[D]. 徐州：中国矿业大学.
琚宜文，姜波，侯泉林，等. 2005a. 构造煤结构成分应力效应的傅里叶变换红外光谱研究[J]. 光谱学与光谱分析，25（8）：1216-1220.
琚宜文，姜波，侯泉林，等. 2005b. 构造煤 ^{13}C NMR 谱及其结构成分的应力效应[J]. 中国科学 D 辑：地球科学，35（9）：847-861.
琚宜文，林红，李小诗，等. 2009. 煤岩构造变形与动力变质作用[J]. 地学前缘，16（1）：158-166.
琚宜文，李请光，颜志丰，等. 2014. 煤层气成因类型及其地球化学研究进展[J]. 煤炭学报，39（5）：806-815.
李阜棣，喻子牛，何绍江. 1996. 农业微生物学实验技术[M]. 北京：中国农业出版社.
李美芬. 2009. 低煤级煤热解模拟过程中主要气态产物的生成动力学及其机理的实验研究[D]. 太原：太原理工大学.
李美芬，曾凡桂，孙蓓蕾，等. 2009. 低煤级煤热解 H_2 生成动力学及其与第一次煤化作用跃变的关系[J]. 物理化学学报，25（12）：2597-2603.
李明. 2013. 构造煤结构演化及成因机制[D]. 徐州：中国矿业大学.
李明宅，张辉. 1998. 煤的厌氧降解产气作用[J]. 天然气工业，18（2）：10-14.
李明宅，张洪年，刘华. 1996. 生物气模拟试验的进展[J]. 石油与天然气地质，17（2）：117-125.
李明宅，张洪年，张辉，等. 1997. 煤的厌氧微生物降解研究[J]. 石油实验地质，19（3）：274-277.
李伍，朱炎铭，陈尚斌，等. 2013. 低煤级煤生烃与结构演化的耦合机理研究[J]. 光谱学与光谱分析，33（4）：1052-1056.
李小明，曹代勇，张守仁，等. 2005. 构造煤与原生结构煤的显微傅立叶红外光谱特征对比研究[J]. 中国煤田地质，17（3）：9-11.
林练，郭绍辉. 2005. 繁峙褐煤在热模拟过程中物理化学结构的演化特征[J]. 当代化工，34（3）：159-168.
林东杰，裴培，王其成，等. 2014. 褐煤热解特性及宏观反应动力学研究[J]. 煤炭加工与综合利用，6：77-80.
林海，李洋子，汪涵，等. 2012. 产甲烷菌的诱变及其对煤层气产出的影响[J]. 煤炭学报，37（2）：407-411.
刘大锰，杨起，汤达祯. 1998. 鄂尔多斯盆地煤显微组分的 micro-FTIR 研究[J]. 地球科学，23（1）：81-86.
刘德汉，周中毅，贾蓉芬，等. 1982. 碳酸盐生油岩中沥青变质程度和沥青热变质实验[J]. 地球化学，（3）：237-243.
刘国根，邱冠周，胡岳华. 1999. 煤的红外光谱研究[J]. 中南工业大学学报，30（4）：371-373.
刘洪林，刘春涌，王红岩. 2006. 西北低阶煤中生物成因煤层气的成藏模拟实验[J]. 新疆地质，24（2）：149-152.
刘洪林，王红岩，赵群，等. 2010. 吐哈盆地低煤阶煤层气地质特征与成藏控制因素研究[J]. 地质学报，84（1）：133-137.
刘全有. 2001. 煤成烃热模拟地球化学特征研究[D]. 兰州：中国科学院.
刘全有，刘文汇，刘志舟，等. 2007. 热模拟实验中煤岩显微组分烷烃系列化合物地球化学特征

[J]. 矿物岩石地球化学通报，26（3）：234-239.
刘全有，刘文汇，秦胜飞. 2002. 煤岩及其显微组分热模拟成气特征[J]. 石油实验地质，24（2）：147-151.
刘全有，刘文汇. 2007a. 塔里木盆地煤岩生物降解的生物标志化合物证据[J]. 石油学报，28（1）：50-53.
刘全有，刘文汇. 2007b. 利用煤岩可溶有机质生物标志化合物探讨塔里木盆地侏罗系沉积环境[J]. 世界地质，26（2）：152-157.
刘文汇，于心科，张柏生. 1995. 沉积有机质其核与侧链碳同位素组成分布特征[J]. 科学通报，40（20）：145-147.
刘文汇，徐永昌，史继扬，等. 1996. 生物—热催化过渡带气形成机制及演化模式[J]. 中国科学（D 辑），26（6）：511-517.
刘文汇，宋岩，刘全有，等. 2003. 煤岩及其主显微组份热解气碳同位素组成的演化[J]. 沉积学报，21（1）：183-190.
刘聿太. 1990. 沼气发酵微生物及厌氧技术[M]. 北京：科学出版社.
卢红选，孟自芳，李斌，等. 2007. 微量元素 Mo 对褐煤有机质热解成烃的影响[J]. 天然气地球化学，18（1）：104-106.
卢红选，孟自芳，李斌，等. 2008. 微量元素对褐煤有机质热解成烃的影响[J]. 油气地质与采收率，15（2）：64-66.
卢双舫，张敏. 2007. 油气地球化学[M]. 北京：石油工业出版社.
卢双舫，王民，王跃文，等. 2006. 密闭体系与开放体系模拟实验结果的比较研究及其意义[J]. 沉积学报，24（2）：282-288.
马向贤，郑建京，郑国东. 2014. 含铁矿物对褐煤生烃演化的催化作用[J]. 天然气地球科学，25（7）：1065-1071.
毛毕节，许惠龙，袁三畏，等. 1999. 中国煤炭资源预测与评价[M]. 北京：科学出版社.
彭兴芳，李周波. 2006. 生物标志化合物在石油地质中的应用[J]. 资源环境与工程，20（3）：279-283.
钱贻伯，连莉文，陈文正. 1998. 生物气形成过程中 CH_4 碳同位素变化规律的研究[J]. 石油学报，19（1）：29-33.
钱泽澍，闵行. 1988. 沼气发酵微生物学[M]. 杭州：浙江科学技术出版社.
秦匡宗，赵丕裕. 1990. 用固体 ^{13}C 核磁共振技术研究黄县褐煤的化学结构[J]. 燃料化学学报，18（1）：1-7.
秦勇. 2005. 国外煤层气成因与储层物性研究进展与分析[J]. 地学前缘，12（3）：289-298.
邱军利，夏燕青，雷天柱. 2011. 两种热模拟体系下热解产物的相关性研究[J]. 天然气地球化学，22（1）：144-148.
屈定创，史继扬. 1995. 一类新的藿烯化合物的发现及其在地质藿类成因上的意义 [J]. 中国科学，（6）：665-672.

屈进州，陶秀祥，刘金艳，等. 2011. 褐煤提质技术研究进展[J]. 煤炭科学技术，39(11)：121-125.

屈争辉. 2010. 构造煤结构及其对瓦斯特性的控制机理研究[D]. 徐州：中国矿业大学.

桑树勋，秦勇，傅雪海，等. 1999. 陆相盆地煤层气地质——以准噶尔、吐哈盆地为例[M]. 徐州：中国矿业大学出版社.

沈忠民，印大彬，刘四兵，等. 2011. 云南保山盆地生物气源岩生物标志化合物特征[J]. 成都理工大学学报（自然科学版），38（1）：1-6.

苏现波，徐影，吴昱，等. 2011. 盐度、pH 对低煤阶煤层生物甲烷生成的影响[J]. 煤炭学报，36（8）：1302-1306.

苏现波，吴昱，夏大平，等. 2012. 温度对低煤阶煤生物甲烷生成的影响[J]. 煤田地质与勘探，40（5）：24-26.

苏现波，吴昱，夏大平，等. 2013. 瘦煤制取生物甲烷过程模拟实验研究[J]. 煤炭学报，38（6）：1055-1059.

孙旭光，陈建平，郝多虎. 2001. 塔里木盆地煤显微组分显微傅里叶红外光谱特征及意义[J]. 北京大学学报（自然科学版），37（6）：832-838.

孙旭光，陈建平，王延斌. 2003. 煤岩显微组分热解气相色谱特征与化学结构剖析[J]. 地质学报，77（1）：135-143.

陶明信. 2005. 煤层气地球化学研究现状与发展趋势[J]. 自然科学进展，15（6）：618-622.

陶明信，王万春，解光新，等. 2005. 中国部分煤田发现的次生生物成因煤层气[J]. 科学通报，50（增刊Ⅰ）：14-18.

陶明信，王万春，段毅，等. 2014a. 煤层气的成因和类型及其资源贡献[M]. 北京：科学出版社.

陶明信，王万春，李中平，等. 2014b. 煤层中次生生物气的形成途径与母质综合研究[J]. 科学通报，59：970-978.

佟莉，琚宜文，杨梅，等. 2013. 淮北煤田芦岭矿区次生生物气地球化学证据及其生成途径[J]. 煤炭学报，38（2）：288-293.

汪本善，刘德汉，张丽洁，等. 1980. 渤海湾盆地黄骅拗陷石油演化特征及人工模拟实验研究[J]. 石油学报，1（1）：43-51.

汪涵，林海，董颖博，等. 2012. 外源产甲烷菌降解褐煤产气实验[J]. 石油勘探与开发，764-768.

王民，卢双舫，王东良，等. 2011. 不同热模拟实验煤热解产物特征及动力学分析[J]. 石油学报，32（5）：806-814.

王爱宽. 2010. 褐煤本源菌生气特征及其作用机理[D]. 徐州：中国矿业大学.

王爱宽，秦勇，林玉成，等. 2010. 褐煤中天然产甲烷菌富集培养与生物气产出模拟[J]. 高校地质学报，16（1）：80-85.

王昌桂，程克明，徐永昌，等. 1998. 吐哈盆地侏罗系煤成烃地球化学[M]. 北京：科学出版社.

王红岩，刘洪林，赵庆波. 2005. 煤层气富集成藏规律[M]. 北京：石油工业出版社.

王可新. 2010. 低煤级储层三相态含气量物理模拟与数值模拟研究[M]. 徐州：中国矿业大学.

王立胜，赵志强，吕志领，等. 2011. 新疆吐哈煤田哈密市大南湖西矿区东一勘查区详查报告[R].

徐州：徐矿集团新疆哈密能源有限公司.

王庆伟，李靖. 2014. 新疆地区主要盆地煤系气资源调查与评价报告[R]. 北京：中化地质矿山总局化工地质调查总院.

王世新. 2013. 新疆吐哈盆地南缘构造演化地质特征及聚-成煤规律[D]. 长春：吉林大学.

王庭斌. 2002. 中国天然气地质理论进展与勘探战略[J]. 石油与天然气地质，32（1）：1-7.

王万春，刘文汇，徐永昌，等. 1987. 辽河盆地天然气地球化学特征[J]. 中国科学院兰州地质研究所生物、气体地球化学开放研究实验室研究年报，16（2）：30-47.

王万春，陶明信，张小军，等. 2006. 李雅庄煤矿煤岩中 C_{25}、C_{30} 等无环类异戊二烯烷烃的检出及其地球化学意义[J]. 沉积学报，24（6）：897-900.

王万春，刘文汇，王国仓，等. 2016. 沉积有机质微生物降解与生物气源岩识别[J]. 石油学报，37（3）：318-327.

王秀红，金强，胡晓庆，等. 2007. 加水与不加水热模拟实验条件下煤生烃特征对比[J]. 断块油气田，14（4）：31-33.

王延斌，韩德馨. 1999. 渤海湾盆地石炭纪—二叠纪煤的有机组分红外光谱研究[J]. 地质学报，73（4）：370-375.

王艳婷，韩娅新，何环，等. 2013. 褐煤生物产气影响因素研究[J]. 41（11）：120-123，128.

魏东涛，赵应成，阿不力米提，等. 2004. 准噶尔盆地南缘前陆冲断带油气成藏差异性分析[J]. 高校地质学报，16（3）：339-350.

魏建设，卢进才，陈高潮，等. 2011. 内蒙古西部额济纳旗及邻区二叠系埋汗哈达组烃源岩生物标志化合物的特征及意义[J]. 地质通报，30（6）：904-910.

吴艳艳. 2011. 煤层气生成过程中的矿物/金属元素催化作用[D]. 徐州：中国矿业大学.

武法东. 1990. 山西省河东煤田北部石炭、二叠纪煤层中的硫及煤灰成分的相关性[J]. 地球科学——中国地质大学学报，15（4）：431-440.

夏大平，陈鑫，苏现波，等. 2012. 氧化还原电位对低煤阶煤生物甲烷生成的影响[J]. 天然气工业，32（11）：107-110.

谢勇强. 2006. 低阶煤煤层气吸附与解吸机理实验研究[D]. 西安：西安科技大学.

徐耀辉. 2006. 吐拉盆地中—下侏罗统烃源岩饱和烃生物标志化合物特征及其地球化学意义[J]. 内蒙古石油化工，11：158-160.

徐永昌. 1994. 天然气成因理论及应用[M]. 北京：科学出版社.

徐永昌，沈平，刘文汇，等. 1990. 一种新的天然气成因类型——生物-热催化过渡带气[J]. 中国科学：B 辑，（9）：975-980.

杨起. 1987. 煤地质学进展 [M]. 北京：科学出版社.

杨起，刘大锰，黄文辉，等. 2005. 中国西北煤层气地质与资源综合评价[M]. 北京：地质出版社.

叶朝辉，李新安. 1985. 煤的固体高分率 ^{13}C—NMR 谱[J]. 科学通报，30（20）：1545-1547.

叶朝辉，Wind W，Maciel G. 1988. 中国煤的磁共振研究[J]. 中国科学 A 辑，18（2）：163-172.

叶欣. 2007. 中国西北低煤阶煤层气成藏地质特征研究[D]. 成都：成都理工大学.

尹立群. 2004. 我国褐煤资源及其利用前景[J]. 煤炭科学技术，32（8）：12-14，23.

余海洋，孙旭光. 2007. 江西乐平晚二叠世煤成烃机理红外光谱研究[J]. 光谱学与光谱分析，27（5）：858-862.

袁三畏. 1999. 中国煤质评论[M]. 北京：煤炭工业出版社.

曾凡桂，贾建波. 2009. 霍林河褐煤热解甲烷生成反应类型及动力学的热重-质谱实验与量子化学计算[J]. 物理化学学报，25（6）：1117-1124.

张科，姚素平，胡文瑄，等. 2009. 煤红外光谱的精细解析及其煤化作用机制[J]. 煤田地质与勘探，37（6）：8-13.

张蕤，孙旭光. 2008. 新疆吐哈盆地侏罗纪煤生烃模式的红外光谱分析[J]. 光谱学与光谱分析，28（1）：61-66.

张代钧，鲜学福. 1988. 红外光谱法研究煤大分子结构[J]. 光谱学与光谱分析，9（3）：17-19.

张殿伟，刘文汇，刘全有，等. 2005. 煤系源岩显微组分对天然气碳同位素组成影响的应用[J]. 天然气地球化学，16（6）：792-796.

张辉，彭平安. 2008. 开放体系下干酪根生烃动力学研究[J]. 西南石油大学学报：自然科学版，30（6）：18-21.

张慧. 2001. 煤孔隙的成因类型及其研究[J]. 煤炭学报，（26）1：40-43.

张新民. 2002. 中国煤层气地质与资源评价 [M]. 北京：科学出版社.

张新民，张遂安，钟玲文，等. 1991. 中国煤层甲烷[M]. 西安：山西科学技术出版社.

中国煤田地质总局. 1999. 中国煤炭资源预测与评价[M]. 北京：科学出版社.

周继兵，曾先军，樊涛. 2005. 新疆准南煤田阜康一带煤炭资源分布区地质特征[J]. 新疆地质，23（2）：146-151.

周友平，史继扬，向明菊，等. 1998. 沉积有机质中藿烯的成因研究碳稳定同位素证据[J]. 沉积学报，16（2）：14-19.

周友平，史继扬，屈定创，等. 1999. 沉积有机质中 ββ 藿烷成因研究——碳稳定同位素证据[J]. 华南师范大学（自然科学版），3：53 -58.

周志玲. 2010. 低煤阶煤及不同化学组分热解甲烷和氢气的生成特征与机理[D]. 太原：太原理工大学.

朱学栋，朱子彬. 2001. 红外光谱定量分析煤中脂肪碳和芳香碳[J]. 曲阜师范大学学报，27（4）：64-67.

朱学栋，朱子彬，韩崇家. 1999. 煤中含氧官能团的红外光谱定量分析[J]. 燃料化学学报，27（4）：335-339.

朱之培，高晋生. 1984. 煤化学[M]. 上海：上海科学技术出版社.

朱志敏，沈冰，崔洪庆，等. 2007. 阜新盆地煤层气成因分析[J]. 地质科技情报，26（3）：67-70.

Ahmed M，Smith J W. 2001. Biogenic methane generation in the degration of eastern Australian Permian coals[J]. Organic Geochemistry，32：809-816.

Allen J E，Fornery F W，Markovetz A J. 1971. Microbial degradation of n-alkanes[J]. Lipids，6: 448-452.

Anja M，Wolfgang Z. 1997. Effect of minerals on the trans formation of organic matter during simulated fire-induced Pyrolysis[J]. Org Geoehem，26（3/4）：175-182.

Aravena R，Harrison S M，Barker J F，et al. 2003. Origin of methane in the Elk Valley coalfield，southeastern British Columbia，Canada[J]. Chemical Geology，195：219-227.

Ayers W B. 2002. Coalbed gas systems，resources，and production and a review of contrasting cases from the San Juan and powder river basins[J]. AAPG Bulletin，86（11）：1853-1890.

Baker H A. 1956. Biological formation of methane[J]. Bacterial Fermentations，1956：1-27.

Balch W E，Wolfe R S. 1979. Specificity and biological distribution of coenzyme M（2-mercaptoethanesulfonic acid）[J]. Journal of bacteriology，137（1）：256-263.

Brooks J D，Smith J W. 1969. The diagenesis of plant liquids duringthe formation of coal，petroleum and natural gas-Ò. Coalification and the formation of oil and gas in Gippsland Basin[J]. Geochim et Cosmochim Acta，33：1183-1194.

Bryant M P. 1976. The microbiology of anaerobic degradation and methanogenesis with special reference to sewage[J]. Microbial energy conversion UNTAR symposium，（6）：107-117.

Bustin R M，Clarkson C R. 1998. Geological controls on coalbed methane reservoir capacity and gas content[J]. Int. J. Coal Geol., 38：3-26.

Bustin R M，Guo Y. 1999. Abrupt changes（jumps）in reflectance values and chemical compositions of artificial charcoals and inertinite in coals[J]. International Journal of Coal Geology. 38（3-4）：237-260.

Cai Y，Liu D，Pan Z，et al. 2013. Pore structure and its impact on CH_4 adsorption capacity and flow capability of bituminous and subbituminous coals from Northeast China[J]. Fuel，103：258-268.

Cappenberg T E. 1974. Interrelation between sulfate-reducing and methane-producing bacteria in bottom deposits of a freshwater lake[J]. Field observations，Antonie van Leeuwenhooek，40：285-295.

Carol I B，Tim A M. 2008. Secondary biogenic coal seam gas reservoirs in New Zealand：A preliminary assessment of gas contents[J]. International Journal of Coal Geology，76：151-165.

Chaffee A L，Hoover D S，Johns R B，et al. 1986. Biological markers extractable from coal[J]. Elsevier，Amsterdam，41（3）：311-318.

Chalmers G R L，Bustin R M. 2007. On the effects of petrographic composition on coalbed methane sorption[J]. International Journal of Coal Geology，69：288-304.

Chosson P，Connan J，Dessort D，et al. 1992. In vitro biodegradation of steranes and terpanes：A clue to understanding geological situation//Moldowan J M，Albrecht P，Philp R P. Biological markers in sediments and petroleum[M]. Englewood Cliffs，N. J. ：Prentice Hall.

Clarkson C R，Bustin R M. 1996. Variation in micropore capacity and size distri bution with composition in bituminous coal of the Western Canadian sedi- mentary basin[J]. Fuel，75：1483-1498.

Clarkson C R，Bustin R M. 1999. The effect of pore structure and gas pressure upon the transport properties of coal：a laboratory and modelling study：1. Isotherms and pore volume distributions[J]. Fuel，78：1333-1344.

Clayton J L. 1998. Geochemistry of coalbed gas-A review[J]. International Journal of Coal Geology，35（1）：159-173.

Connan J. 1974. Time-temperature relation in oil genesis[J]. AAPG Bulletin，58：2516-2521.

Cranwell P A，Eglinton G，Robinson N. 1987. Lipids of aquatic organisms as potential contributors to lacustrine sediments，II. [J]. Organic Geochemistry，11（6）：513-527.

Crosdale P J，Beamish B B，Valix M. 1998. Coalbed methane sorption related to coal composition[J]. International Journal of Coal Geology，35：147-158.

Daniel S L，Fulton G，Spencer R W，et al. 1980. Origin of hydrogen in methane produced by Methanobacterium thermo auto trophicum[J]. Bacterial，141：694-698.

Dariusz S，Maria M，Cortland E，et al. 2007. Characterization of the origin of coalbed gases in southeastern Illinois Basin by compound-specific carbon and hydrogen stable isotope ratios[J]. Organic Geochemistry，38（2）：267-287.

Dariusz S，Maria A M，Arndt S，et al. 2008. Variability of geochemical properties in a microbially dominated coalbed gas system from the eastern margin of the Illinois Basin，USA[J]. International Journal of Coal Geology，76（1）：98-110.

Davidson R M. 1986. ^{13}C nuclear magnetic resonance studies of coal[C]. London：IEA Coal Research.

Dennis L W. 1982. ^{13}C NMR studies of Kerogen from Cretaceous black shale thermally altered by basaltic in frusion and laboratory simulations [J]. Geochimica et Cosmochimica Acta，46（6）：901-907.

Didyk B M，Simoneit B M，Brassell S C，et al. 1978. Organic geochemical indicators of palaeo environmental conditions of sedimentation [J]. Nature，272：216-222.

Duan Y，Sun T，Qian Y R. 2012. Pyrolysis experiments of forest marsh peat samples with different maturities：An attempt to understand the isotopic fractionation of coalbed methane during staged accumulation[J]. Fuel，94：480-485.

Durand B M，Monin J C. 1980. Kerogen[M]. Paris：Editions Technip.

Eisma E，Jurg J W. 1967. Fundamental aspects of diagenesis of organic matter and the formation of hydrocarbon [A]. In：Proceedings of 7th world petroleum congress[C]. London：Applied Science Pub.

Faiz M M，Hutton A C. 1995. Geological controls on the distribution of CH_4 and CO_2 in coal seams of the southern coalfield，NSW，Australia[C]. Wollongong：International Symposium cm Workshop on Management and Control of High Gas Emissions and Outbursts.

Flores R M. 1998. Coalbed methane：From hazard to resource[J]. International Journal of Coal Geology，35：3-26.

Galimov E M. 1980. ^{13}C /^{12}C in kerogen[C] // Durand B. Kerogen：insoluble organic matter from sedimentary rocks[A]. Paris：Editions Techniq.

Galimov E M. 1981. The Biological Fractionation of Isotopes[M]. Orlando：Academic Press：113-116.

Galimov E M. 1988. Sources and mechanisms of formation of gaseous hydrocarbons in sedimentary rock[J]. Chemical Geology，71（1）：77-95.

Galimov E M. 2006. Isotope organic geochemistry[J]. Organic Geochemistry，37（10）：1200-1262.

Gan H，Nandi S P，Walker P L. 1972. Nature of porosity in American coals [J]. Fuel，51：272-277.

Gareth R L，Chalmers R，Marc B. 2007. On the effects of petrographic composition on coalbed methane sorption[J]. International Journal of Coal Geology，69：288-304.

Geoffrey D A，Barry B，Peteh G. 1995. The thermal degradation of 5α（H）-eholestane during closed-system Pyrolysis[J]. Geoehim Cosmoehim Acta，59（11）：2259-2264.

Gilcrease P C. 1997. Mass transfer effects on the bioreduction of TNT solids in slurry reactors[D]. Fort Collins：PhD dissertation，Colorado State University.

Glasby G P. 2006. Abiogenic origin of hydrocarbons：An historical overview[J]. Resource Geology，56（1）：83-96.

Gürdal G，Yalçın M N. 2001. Pore volume and surface area of the Carboniferous coals from the Zonguldak basin（NW Turkey）and their variations with rank and maceral composition[J]. International Journal of Coal Geology，48：133-144.

Hakan H. 2007. Origin and secondary alteration of coalbed and adjacent rock gases in the Zonguldak Basin，western Black Sea Turkey[J]. Geochemical Journal，41：201-211.

Haven H L T，Leeuw J W D，Rullkotter J. 1987. Restricted utility of the pristine/phytane ratio as a palaeoenvironmental indicators [J]. Nature，330（6149）：641-643.

Henderson W，Eglinton G，Simmods P，et al. 1968. Thermal alteration as contributory process to genesis of petroleum [J]. Nature，209：1012-1016.

Hou Q，Li H，Fan J，et al. 2012. Research progress of tectonic coal structure and CBM hosting[J]. SCIENCE CHINA：Earth science，42（10）：1487-1495.

Hunt J M. 1979. Petroleum geochemistry and geology[M]. San Francisco：Freeman.

James A T. 1990. Correlati on of reservoired gases using the carbon isotopic compositions of wet gas components[J]. AAPG Bull，74（9）：1441-1458.

Jian K，Fu X，Ding Y M，et al. 2015. Characteristics of pores and methane adsorption of low-rank coal in China[J]. Journal of Natural Gas Science and Engineering，27：207-218.

Kotarba M J，Rice D D. 2001. Composition and origin of coalbed gases in the Lower Silesian basin，southwest Poland[J]. Applied Geochemistry，16：895-910.

Lamberson M N，Bustin R M. 1993. Coalbed methane characteristics of Gates formation coals，northeastern British Columbia：effect of maceral composition[J]. AAPG Bull，77：2062-2076.

Large P J. 1983. Methylotrophy and Methanogenesis[M]. UK：Van Nostrand Reinhold.

Laxminarayana C，Crosdale P J. 2002. Controls on methane sorption capacity of Indian coals[J]. AAPG，86（2）：201-212.

Levy J，Day H，Killingley J S. 1997. Methane capacities of Bowen basin coals related to coal properties[J]. Fuel，76（9）：813-819.

Lewan M D，Williams I A. 1987. Evaluation of petroleum generation from resinites by hydrous pyrolysis[J]. AAPG Bulletin，7（2）：207-214.

Lewan M D，Winters J C，McDonald J H. 1979. Generation of oil-like pyrolyzates from organic-rich shales[J]. Science，203：897-899.

Li W，Zhu Y，Chen S，et al. 2013. Research on the structural characteristics of vitrinite in different coal ranks[J]. Fuel，107：647-652.

Lopatian N V. 1971. Temperature and geologic time as factors in coalification[J]. IZV Akad Nauk SSSR Ser Geol Izvestiya，3：95-106.

Luo D K，Dai Y J，Xia L Y. 2011. Economic evaluation based policy analysis for coalbed methane industry in China[J]. Energy，36（1）：360-368.

Michael F，Anna M，Steven P. 2008. Biodegradation of sedimentary organic matter associated with coalbed methane in the Powder River and San Juan Basin，USA[J]. International Journal Of Coal Geology，76：86-97.

Moore T A. 2012. Coalbed methane：A review[J]. International Journal of Coal Geology，101：36-81.

Nishioka M. 1993. Irreversibility of solvent swelling of bituminous coals[J]. Fuel，72：997-1000.

Otto A，Walther H，Puttmann W. 1995. Molecular composition of a leaf-and root-bearing Oligocene oxbow lake clay in the Weisselster Basin，Germany[J]. Organic Geochemistry，22（2）：275-286.

Peters K E，Moldowan J M. 1993. The biomarker guide：Interpreting molecular fossils in petroleum and ancient sediments [M]. Englewood Cliffs，N. J. ：Prentice Hall.

Peters K E，Walters C C，Moldowan J M. 2005. The biomarker guide：Volume 2，Biomarker and Isotopes in Petroleum Systems and Earth History [M]. Cambridge：Cambridge University Press.

Pillalamarry M，Harpalani S，Liu S. 2011. Gas diffusion behavior of coal and its impact on production from coalbed methane reservoirs[J]. International Journal of Coal Geology，86：342-348.

Powell T G，Mckirdy D M. 1973. Relationship between ratio of pristine to phytane，crude oil composition and geological environment in Australia [J]. Nature. Phys. Sci. ，243（124）：37-39.

Rice D D，Claypool G E. 1981. Generation，accumulation and resource potential of biogenic gas[J]. AAPG Bulletin，65（1）：5-25.

Rice D D. 1993. Composition and origins of coalbed gas [A]. In：Law B E，Rice D D. Hydrocarbons from coal [M]. AAPG Studied in Geology Series，38，159-184.

Rightmire C T. 1984. Coalbed resources of the United States[J]. AAPG Studies in Geology Series，17：1-14.

Rightmire C T，Eddy G E，Kirr J N. 1984. Coalbed methane resources of the United States[R]. AAPG Studied in Geology Series，17（Ⅶ-Ⅷ）：1-14.

Robert S E. 2005. North American coalbed methane development moves forward [J]. World oil，226（8）：57-59.

Romeo M F，Cynthia A R，Gary D S，et al. 2008. Methanogenic pathways of coal-bed gas in the Power River Basin，United States：The geologic factor [J]. International Journal of Coal Geology，76：52-75.

Sassen R，Milkov A V，Ozgul E，et al. 2003. Gas venting and subsurface charge in the Green Canyon area，Gulf of Mexico continental slope[J]. Organic Geochemistry，34：1455-1464.

Schoell M. 1983. Genetic characterization of natural gas[J]. AAPG Bulletin，67：2225-2238.

Scott A R. 1999. Improving Coal Gas Recovery with Microbially Enhanced Coalbed Methane[M]. In：Mastalerz M，Golding S D. Coalbed Methane：Scientific，Environmental and Economic Evaluation. Kluwer，Dordrecht，1999：89-110.

Scott A R，Kaise W R，Ayer W B. 1994. Thermogenic and secondary biogenic gases，San Juan Basin，Colorado and New Mexico implications for coalbed gas producibility[J]. AAPG Bulletin，78（8）：1186-1209.

Sinninghe Damste J S，Kenig F，Koopmans M P，et al. 1995. Evidence for gammacerane as an indicator of water column stratification[J]. Geochim Cosmchim Acta，59（9）：1895 -1900.

Smith J W，Pallasser R J. 1996. Microbial origin of Australian coalbed methane[J]. AAPG Bulletin，80（6）：891-897.

Song Y，Liu S，Zhang Q，et al. 2012. Coalbed methane genesis，occurrence and accumulation in China[J]. Petroleum Science，9（3）：269-280.

Stefanova M. 2000. Head to head linked isoprenoids in Miocene coal lithotypes[J]，Fuel，79：755-758.

Steve H H，Richard L S，Charles E R. 2008. Microbial and chemical factors influencing methane production in laboratory incubations of low-rank subsurface coals[J]. International Journal of Coal Geology，76：46-51.

Supaluknari S，Larkins F P，Redlich P，et al. 1989. Determination of aromaticities and other structural features of Australian coals using solid state ^{13}C NMR and FTIP spectroscopies [J]. Fuel Process Technology，23（1）：47-61.

Supaluknari S，Burgar I，Larkins F P. 1990. High-resolution solid-state ^{13}C studies of Australian coals [J]. Organic Geochemistry，15（5）：509-519.

Tao M X，Shi B G，Li J Y，et al. 2007. Secondary biological coalbed gas in the Xinji area，Anhui province，China：Evidence from the geochemical features and secondary changes[J]. International Journal of Coal Geology，71：358-370.

Tao M X, Li J, Li X B, et al. 2012. New Approaches and Markers for Identifying Secondary Biogenic Coalbed Gas[J]. Acta Geologica Sinica，86（1）：199-208.

Tissot B T，Welte D H. 1978. Petroleum formation and occurrences：a new approach to oil and gas exploration [M]. Berlin：Springer.

Unsworth J F，Fowler C S，Jones L F. 1989. Moisture in coal. 2. Maceral effects on pore structure[J]. Fuel，68：18-26.

Urey H C. 1947. The thermodynamic properties of isotopic substances[J]. Journal of the American Chemical Society，57：562-581.

Vogel G D，Keltjens J T，Hutten T J. 1982. Coenzyme of methanogenic bacteria[J]. Zbl. Bakt Hyg. ，I. Abt. Orig. C. ，3：277-288.

Walter B，Ayers J. 2002. Coalbed gas systems，resources，and production and a review of contrasting cases from the San Juan and Powder River Basins [J]. AAPG，86（11）：1855-1890.

Wang K，Fu X，QinY，et al. 2011. Adsorption characteristics of lignite in China[J]. Journal of Earth Science，22（3）：371-376.

Waples D. 1980. Time and temperature in petroleum formation：application of Lopatin's method to petroleum exploration[J]. AAPG Bulletin，64（7）：916-926.

Whiticar M J. 1996. Stable isotope geochemistry of coals，humic kerogens and related natural gas[J]. International Journal of Coal Geology，32：191-215.

Whiticar M. J. 1999. Carbon and hydrogen isotope systematics of microbial formation andoxidation of methane[J]. Chemical Geology，161：291-314.

Whiticar M J，Faber E，Schoell M. 1986. Biogenic methane formation in marine and freshwater environments：CO_2 reduction vs. acetate fermentation-Isotopic evidence[J]. Geochimica ET Cosmochimica Acta，50：693-709.

Wilson M A，Pugmire J R. 1984. New NMR technique in coal analysis[J]. TrAC Trends in Analytical Chemistry，3（6）：144-147.

Wilson M A, Pumire R J, Karas J, et al. 1984. Carbon distribution in coals and coal macerals by cross polarization magic angle spinning carbon-13 nuclear magnetic resonance spectrometry [J]. Analytical Chemistry，56：933-943.

Wolfe R S. 1979. Methanogens：a surpring microbial group[J]. Antonie Van Leeuwenhoek，45：353-364.

Woltmate I，Whiticar M J，Schoell M. 1984. Carbon and hydrogen isotopic composition of bacterial methane in a shallow freshwater lake[J]. Limmol Oceanogr，29：985-992.

Ходот B B. 1966. 煤与瓦斯突出 [M]. 宋世钊，王佑安译. 北京：中国工业出版社.

Yao Y，Liu D，Tang D，et al. 2008. Fractal characterization of adsorption pores of coals from North China：An investigation on CH_4 adsorption capacity of coals[J]. International Journal of Coal Geology，73：27-42.

Zehnder A J B. 1988. Biology of anaerobic micro organisms[M]. New York：John Wiley and Sons.

Zeikus J G，Winfrey M R. 1976. Temperature Limitation of metnanogenesis in aquatic sediments，Appl[J]. Environ. Microbiol，31：99-107.

Zhang Z，Qin Y，Wang G，et al. 2013. Numerical description of coalbed methane desorption stages based on isothermal adsorption experiments[J]. Science China：Earth Sciences，43（8）：1352-1358.

附　　图

低煤级煤热解固体残渣有机显微组分镜下照片

（仪器型号：DM4500P；标准方法：SY/T 6414—2014；放大倍数：×500）

H1-250℃：以镜质组、丝质体为主，见少量壳质组分。镜质组以结构镜质体为主，胞腔充填矿物黏土；丝质体呈灰白色，见挤压变形结构；壳质组中孢粉体发黄色荧光。

H1-300℃：以镜质组、丝质体为主，见少量壳质组分。镜质组以结构镜质体为主，胞腔充填矿物黏土；丝质体呈灰白色，见挤压变形结构；壳质组分荧光较弱。

H1-350℃：以丝质体、镜质组为主。

H1-400℃：以丝质体、镜质组为主。有机质热演化程度较高，各组分光性趋于一致。

H1-450℃：以丝质体、镜质组为主。有机质热演化程度较高，各组分光性趋于一致。

H1-500℃：以丝质体为主。有机质热演化程度较高，各组分光性趋于一致。

H3-250℃：以镜质组、丝质体为主，见少量壳质组分。镜质组以结构镜质体、碎屑镜质体为主，呈深灰色；丝质体呈灰白色，见挤压变形结构；壳质组中孢粉体、角质体发黄色荧光。

H3-300℃：以镜质组、丝质体为主，见少量壳质组分。镜质组以结构镜质体为主，呈深灰色；丝质体呈灰白色；壳屑藻类组分发黄色荧光。

H3-350℃：以镜质组、丝质体为主，无荧光显示。

H3-400℃：以丝质体、镜质组为主。有机质热演化程度较高，各组分光性趋于一致。

H3-450℃：以丝质体为主。有机质热演化较高，各组分光性趋于一致。

H3-500℃：以丝质体为主。有机质热演化较高，各组分光性趋于一致。

CY-250℃：以镜质组、丝质体为主，见少量壳质组分。镜质组以结构镜质体、碎屑镜质体为主，胞腔充填矿物黏土；丝质体呈灰白色，见挤压变形结构；壳质组中孢粉体、角质体发黄色荧光。

CY-300℃：以镜质组、丝质体为主，见少量壳质组分。镜质组以结构镜质体、碎屑镜质体为主；丝质体呈灰白色，见挤压变形结构；壳质组分荧光较弱。

CY-350℃：以镜质组、丝质体为主。几乎无荧光。

CY-400℃：以丝质体、镜质组为主。有机质热演化程度较高，各组分光性趋于一致。

CY-450℃：以丝质体、镜质组为主。有机质热演化程度较高，各组分光性趋于一致。

CY-500℃：以丝质体为主。有机质热演化较高，各组分光性趋于一致。

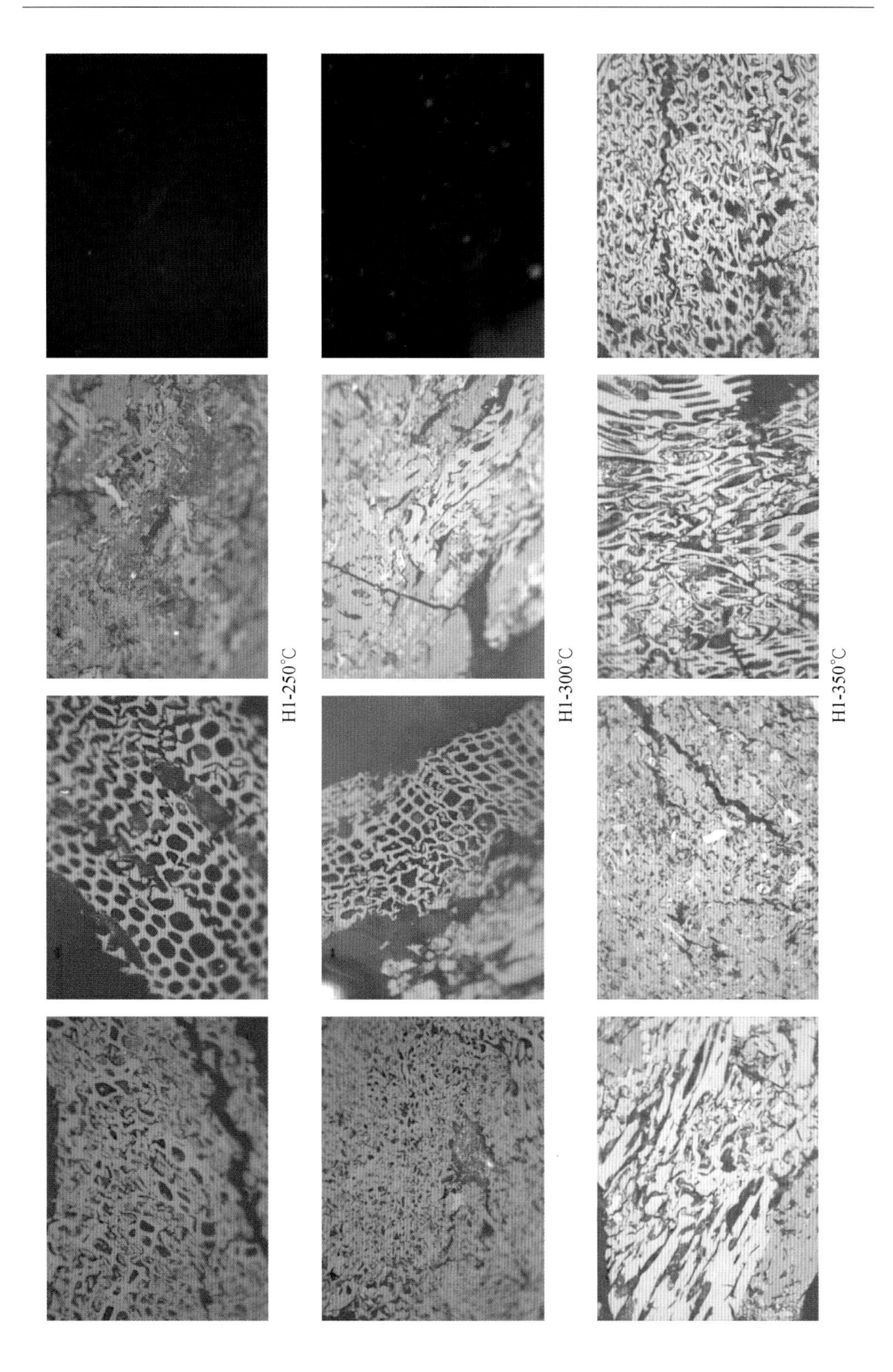
H1-250℃
H1-300℃
H1-350℃

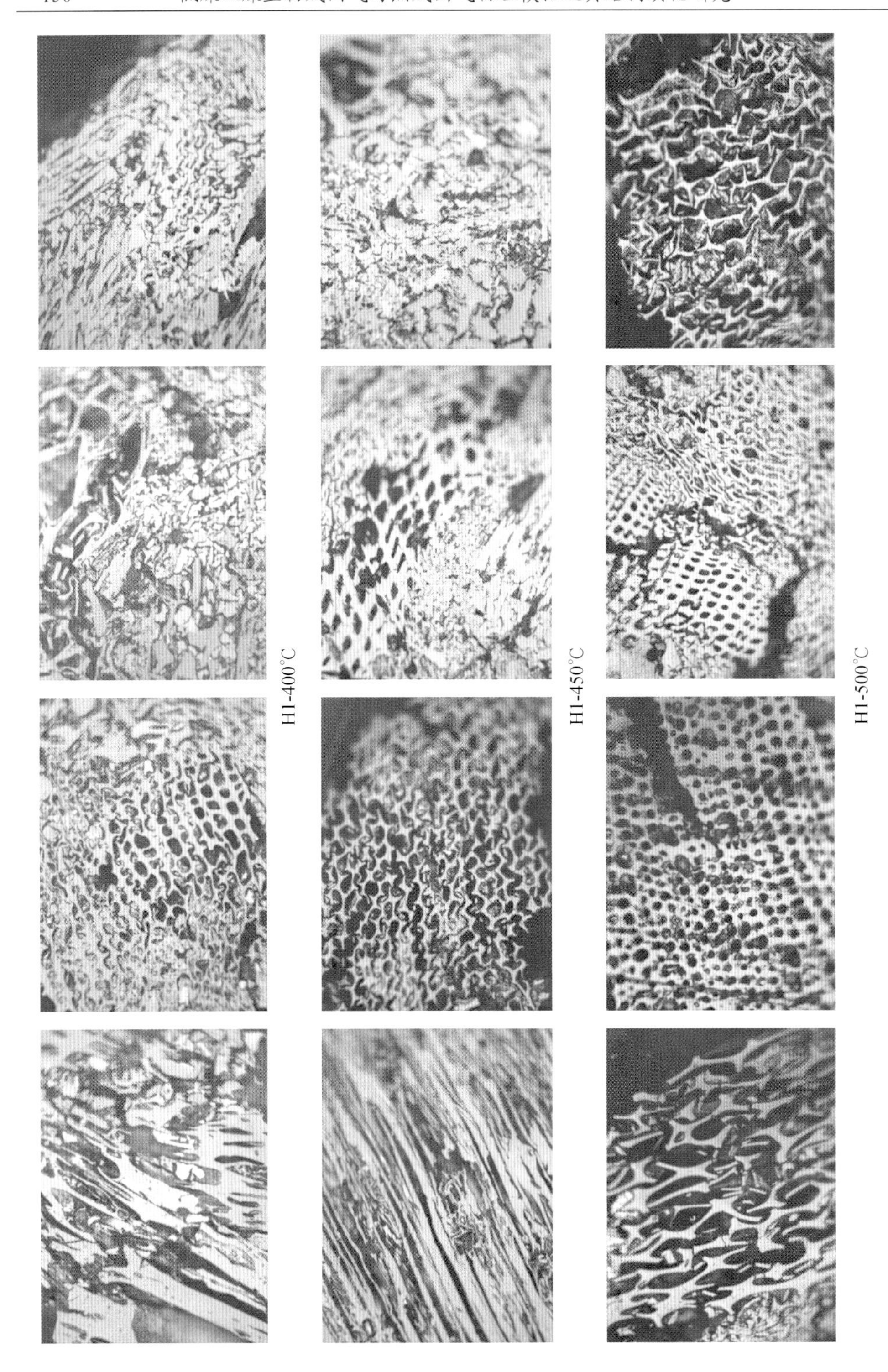
H1-400℃
H1-450℃
H1-500℃

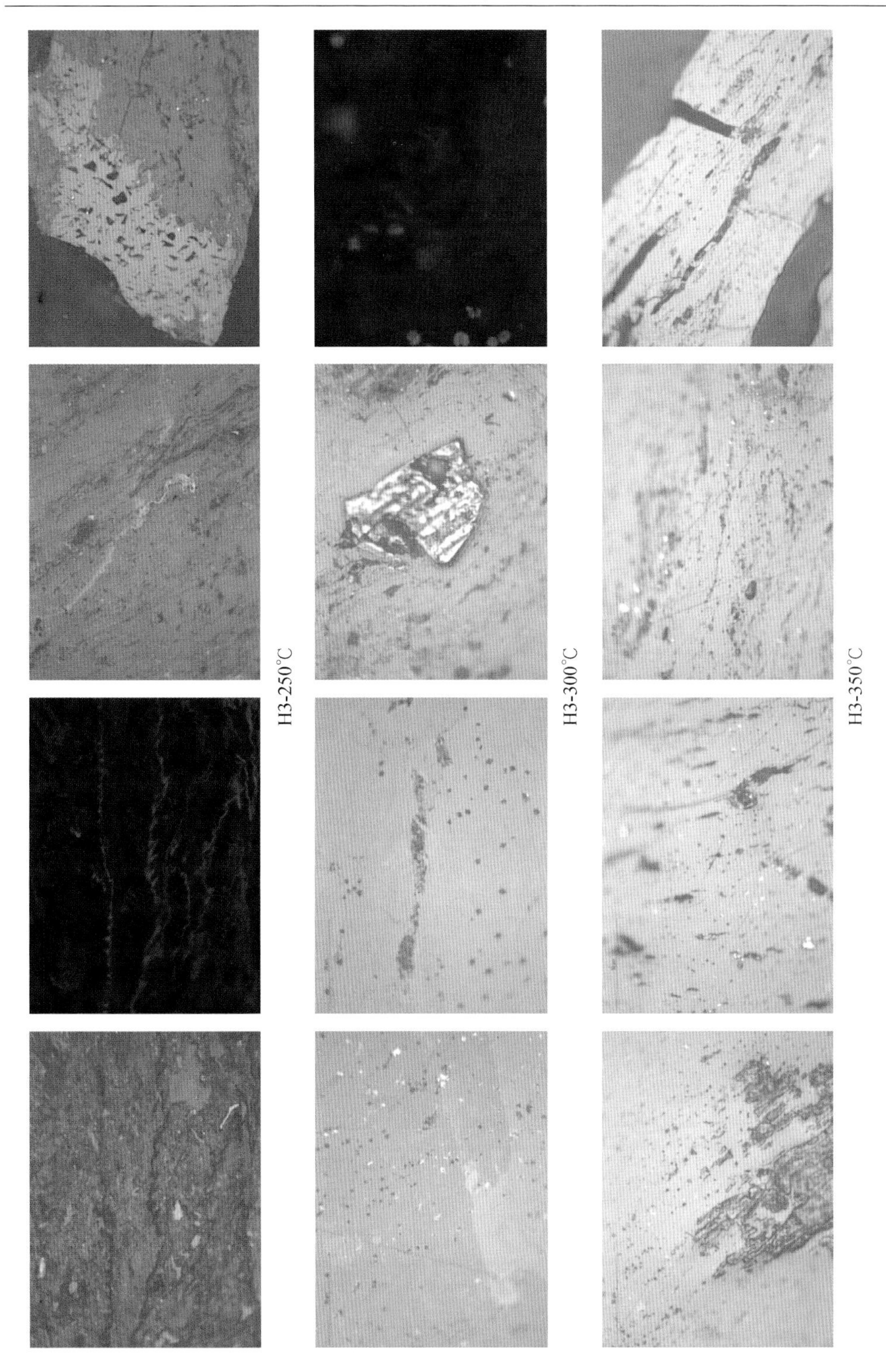

H3-250°C

H3-300°C

H3-350°C

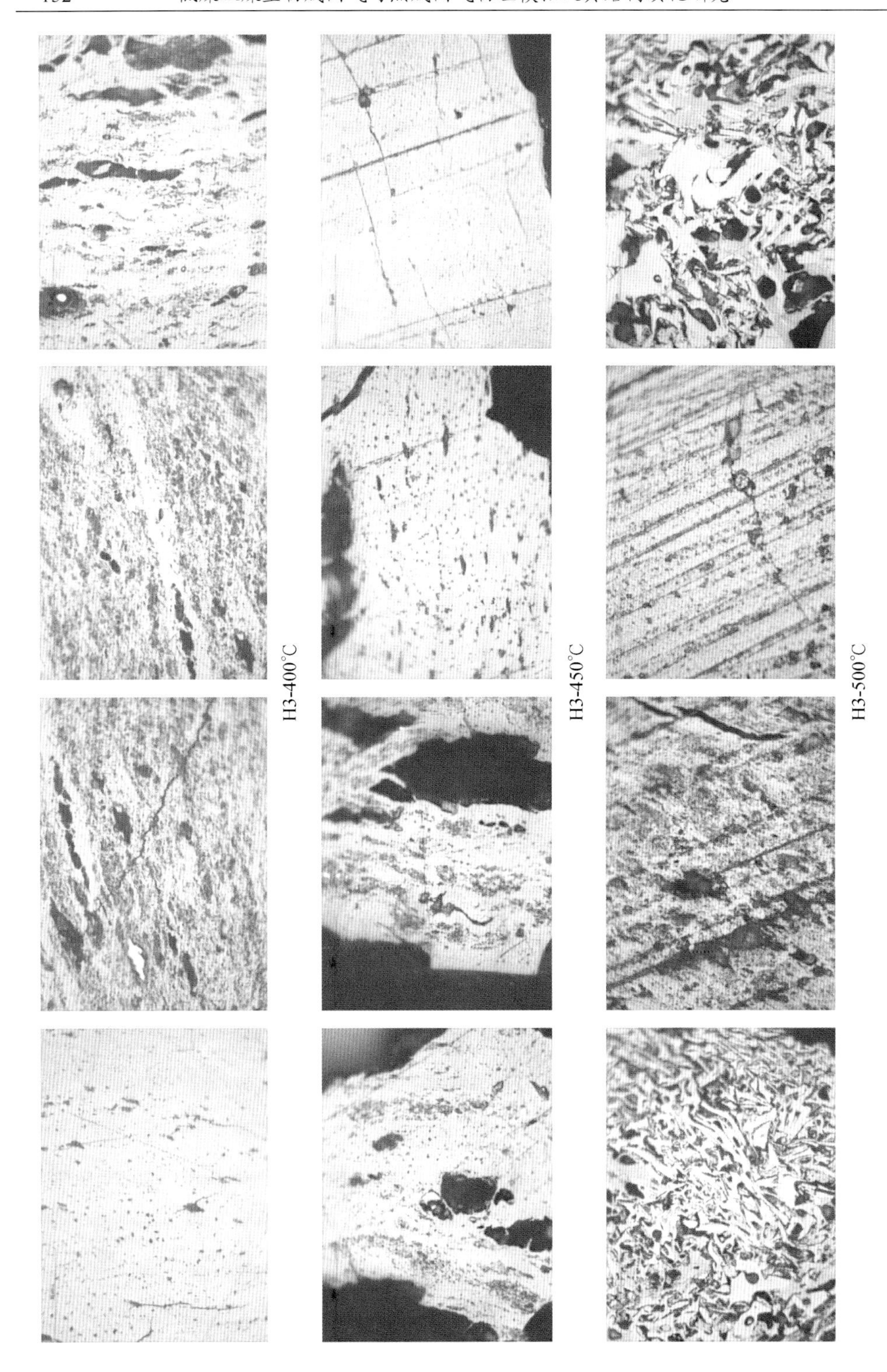
H3-400°C
H3-450°C
H3-500°C

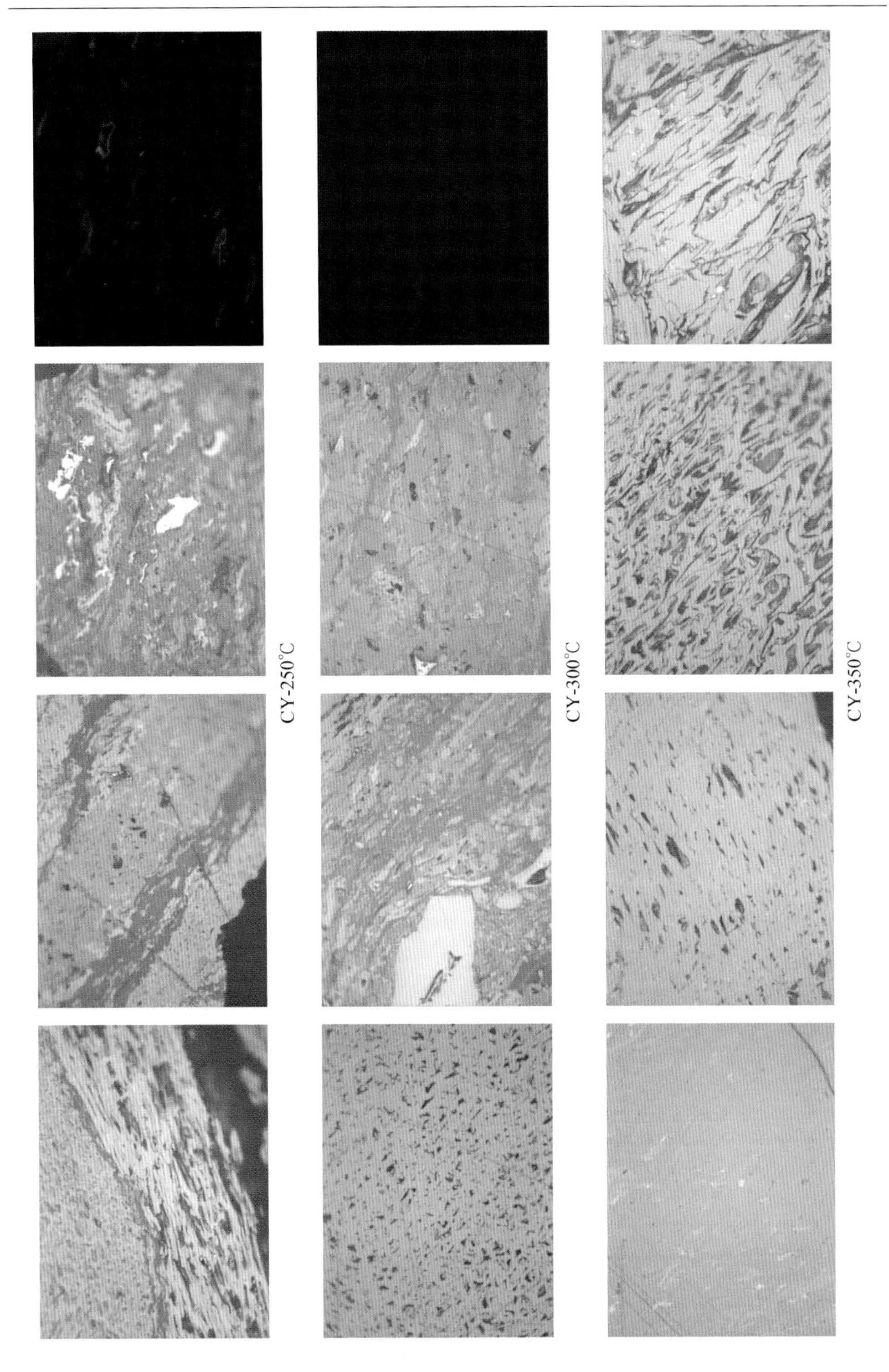
CY-250℃
CY-300℃
CY-350℃

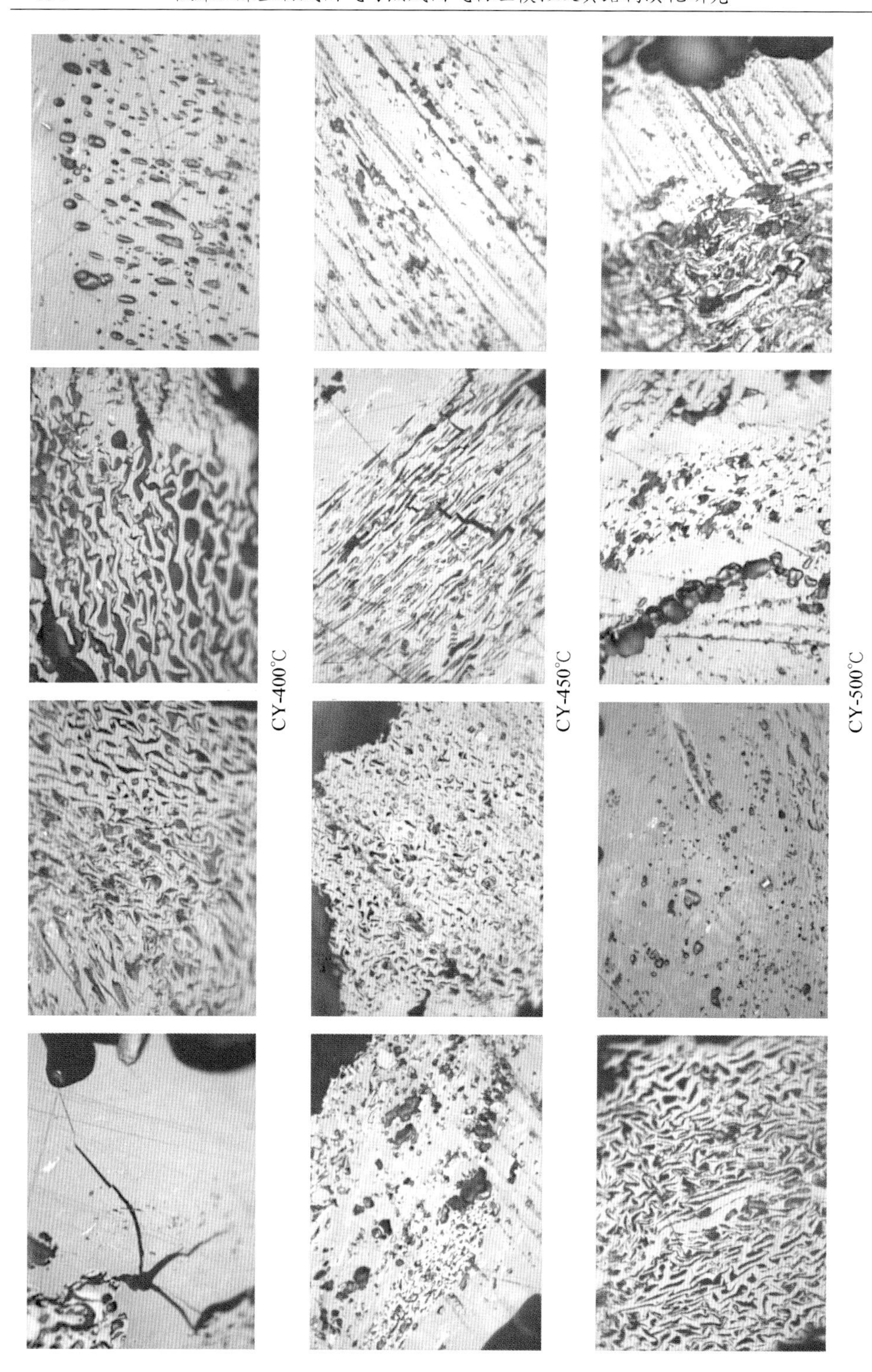
CY-400℃
CY-450℃
CY-500℃